职业技术教育结合竞赛课程改革新规划教材
数控技术应用专业

控车床加工与实训

（GSK980T系统应用）

U0278604

丛书主编	张伦玠		
本书主编	邓集华		
副 主 编	刘暑平	黄启发	匡伟民
	李宏策		
参 编	肖良师	罗伟光	李应丽
	陈平华	李 军	李 华

华中科技大学出版社

（中国·武汉）

内 容 简 介

本书基于广州数控 GSK980TD 系统"以学生为本，以工作过程主导学习"的理念，采用"行动导向为指导"的学习任务模式，按数控职业技能人才成长的基本规律，循序渐进、由浅入深地安排机械通用零配件的数控生产实际操作，让学生的学习过程工作化，从而掌握主要的知识与技能。全书内容包括认识数控车床、数控车床对刀操作、柱塞的车削加工、球形摄像头的车削加工、手柄的车削加工、螺栓的车削加工、渔具线轮的车削加工、套筒的车削加工、螺母的车削加工、内锥体的车削加工、配合体的车削加工等 11 个学习任务，以及附录 A《中级考证实操练习题选》、附录 B《各数控系统 G 功能表》等。

本书学习过程工作化，采取让学生"做中学"行动导向的学习模式，在学习任务中，首先让学生准备、搜集、完成相关理论知识的积累，然后按照工厂生产实践模式展开学习，最后对所做的零件产品进行质量评估，对学习质量及时地进行评价反馈。在整个学习过程中，穿插有"小提示"、"注意事项"、"知识链接"等特色内容，及"思考"、"练习"、"填空"等互动环节，充分地调动学生的积极性，重点培养学生的学习能力及操作技能，使学生更易理解与掌握所学知识技能。

本书可作为大中专职业院校、技工学校等数控技术应用专业、模具制造专业的专业基础教材，也可作为机电一体化、机械制造类专业的数控教材，还可作为机械类工人岗位培训和自学用书。

图书在版编目(CIP)数据

数控车床加工与实训(GSK980T 系统应用)/邓集华　主编. —武汉：华中科技大学出版社，2010.9
ISBN 978-7-5609-6473-7

Ⅰ. 数…　Ⅱ. 邓…　Ⅲ. 数控机床：车床-加工工艺-职业教育-教材　Ⅳ. TG519.1

中国版本图书馆 CIP 数据核字(2010)第 153301 号

数控车床加工与实训（GSK980T 系统应用）　　　　　　　　　　邓集华　主编

策划编辑：王红梅
责任编辑：江　津
封面设计：秦　茹
责任校对：朱　霞
责任监印：熊庆玉
出版发行：华中科技大学出版社(中国·武汉)
　　　　　武昌喻家山　　邮编：430074　　电话：(027)87557437
录　　排：武汉众欣图文照排
印　　刷：湖北万隆印务有限公司
开　　本：787mm×1092mm　1/16
印　　张：11.25
字　　数：270 千字
版　　次：2010 年 9 月第 1 版第 1 次印刷
定　　价：18.80 元

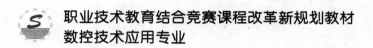

职业技术教育结合竞赛课程改革新规划教材
数控技术应用专业

编 委 会

主　任：

张伦玠（教授，广东技术师范学院）

副主任：（按拼音排序）

曹永浩	邓庆宁	丁左发	龚志雄	韩亚兰	黄境城	兰　林
李保俊	李木杰	李伟东	梁东明	宁国富	潘洪楠	彭志斌
苏炯川	谭志平	王寒里	王震洲	伍小平	杨柏弟	曾昭贵
张　侃	张　敏	钟肇光	周炳权			

编　委：（按拼音排序）

蔡兴剑	岑　清	陈天金	陈天玺	陈学利	陈移新	邓集华
邓志翔	杜文林	傅　伟	龚永忠	关焯远	郭志强	何爱华
何生明	黄桂胜	黄新宇	李国东	李金龙	李　军	李　立
梁炳新	梁伟东	梁　宇	廖建华	廖振超	林志峰	刘根才
刘永锋	刘玉东	罗建新	缪遇春	莫石满	宁志良	欧阳刚
彭　彬	彭国民	谭国荣	向科星	肖福威	薛勇尧	杨景欢
杨丽华	杨世龙	杨新强	袁长河	张方阳	张铺标	张正强
赵汝其	郑如祥	钟光华	周燕峰	周裕章	周忠红	朱慧霞
卓良福	祖红珍	黄可亮				

总　序

　　自 20 世纪末开始，随着我国改革开放政策的不断深入，产业结构调整与先进技术应用的步伐不断加快，各行各业都发生了巨大的变化，制造业的发展尤为突出。随着我国制造业迅速而全面地与世界接轨，一方面以数控技术为标志的先进制造技术大量应用于制造业；另一方面，制造业成为吸纳新增劳动力的重要领域。制造业就业人数整体上大幅增加，造成数控技术人才出现大量缺口。一直处于改革开放前沿地带的广东珠三角地区，更是成为高薪难聘数控高技能人才呼声最高的地区之一。这种局面促进了数控职业技术教育的进一步发展，数控技能人才的数量逐年增加。然而，数控技能型人才质量参差不齐的状况始终是社会和企业关注的话题，努力提高数控技能型人才职业素质同时也成为职业院校进行教学改革的强劲动力。广东作为全国制造业的重要基地，从 20 世纪末到现在一直独占数控职业技能鉴定人员数量的鳌头，其职业教育的蓬勃发展带动了数控职业技能教育的大规模普及。但是，这仅仅解决了人才培养的数量问题，未能从根本上改变人才培养质量参差不齐的状况。

　　职业技术教育教学质量的评价应该由企业的岗位需求来确定。由于企业的产品对象和职业岗位等具有自身的复杂性和相对特殊性，难以制订较为统一的评价标准，无法适应教育所要求的相对普遍性。数控职业技能竞赛作为完善职业技术教育教学质量评价机制的一种重要手段，虽然不能完全等同于企业评价，但已经在很大程度上起到了企业评价的功能。

　　本世纪初，广东的数控职业技能竞赛蓬勃兴起，为职业技术教育领域数控技能型人才培养水平的提高搭建了一个平台，形成探索、交流的良好氛围。目前，在全国各地，各种级别、各种类型和各种规模的数控职业技能竞赛方兴未艾，希望通过技能竞赛这个平台，实现以赛促教、以赛促学、以赛促改，有效地促进职业院校的教学改革与专业建设工作。但是，目前存在的设备场地投入大、实训材料消耗高和双师型师资缺乏等因素，严重制约了数控职业技术教育的平衡发展；同时，数控职业技能竞赛发展过快带来的一系列问题，让许多地方和院校不同程度地存在为竞赛而竞赛的趋势。有一些职业院校将教学的主要目标建立在参赛成绩上，忽视了基础建设和基本功训练，甚至出现拔苗助长的做法。因此，将技能竞赛作为引领，深入探讨其选拔、培养机制，对于促进职业技术教育有序、健康地发展，促进人力资源强国的建设具有重大的现实意义。

2009 年广东省哲学社会科学"十一五"规划教育学、心理学重点项目《数控技能大赛选拔机制与职业技术教育发展研究》的立项，就是希望立足于数控职业技能竞赛的引领作用，带动和促进职业院校数控职业技术教育发展。本项目研究的重要举措之一，是组织广东省中等职业技术学校编写、出版将竞赛要求和内容融入教学过程的系列教材。以竞赛为导向，结合教学的实际情况编写的教材，具有覆盖面广、针对性强以及符合教学规律的特点，是推动竞赛选拔机制与教学普及相结合的有效途径。此外，根据近几年竞赛所暴露出来的问题整合资源，形成模块化编写方案，也具有针对性强、方便实用的特点。

总之，教材是实施教学的有效媒介，也是教学内容的有效载体，更是提高教学效率和质量的可靠保障。编写、出版数控职业技术教育系列教材，旨在通过数控职业技能竞赛的有效平台来促进教学质量提高，这是利用先进教学资源带动职业院校共同发展的有效手段，必将为推动我国的数控人才培养作出应有的贡献。

广东省中职数控竞赛　**总裁判长**

广东技术师范学院自动化学院　**教授**

张伦玠

2010 年 5 月

前言

　　数控技术的应用给传统制造业带来了革命性的变化，使制造业成为工业化的象征，随着数控技术的不断发展和应用领域的扩大，数控技术对国计民生的一些重要行业，如 IT、汽车、轻工、医疗等行业的发展起着越来越重要的作用。为了适应社会数控专业人才的需要，全国各大中专院校、职业学校都竞相开设了数控技术应用等相关专业，为社会培养出一批批数控技能型人才。本书是基于广州数控车床 GSK980TD 系统，以机械通用零配件的数控生产为学习任务媒介，采用"行动导向为指导"的学习任务模式，突出理论与实践一体化相结合，注重学生学习过程的积极参与性的数控专业基础教材。

　　教材主要突出以下特点：

　　1."以学生为本，以工作过程主导学习"为理念，及"行动导向教学法"为指导，对学习任务的内容结构进行梳理；

　　2. 以机械通用零配件的数控生产为学习任务媒介，组织 11 个学习任务，知识点循序渐进、由浅入深，知识结构全面；

　　3. 理论与实践高度结合，使学生在工作过程中自然学习并掌握知识与技能；

　　4. 学习过程突出互动环节，充分调动学生的积极性和参与性；

　　5. 注重学生对产品质量意识的培养。

　　参与本书编写的有广州市交通运输职业学校的邓集华、李应丽、李军、罗伟光，广东省工商技工学校的刘暑平，广州市工贸技师学院的匡伟民，湖南省机电职业技术学院的李宏策、陈平华，湖南省水利八局技工学校的黄启发，长沙机电职业中等专业学校的肖良师等教学一线的专业老师。其中，邓集华为主编并编写了学习任务 1、学习任务 2、学习任务 3、学习任务 9、学习任务 11 等内容；刘暑平为副主编，编写了学习任务 4、学习任务 10 等内容；黄启发编写了学习任务 5；匡伟民编写了学习任务 6；李应丽编写了学习任务 7；李宏策编写了学习任务 8；罗伟光参与编写了学习任务 3；陈平华参与编写了学习任务 8；肖良师参与编写了学习任务 9；李军参与编写了学习任务 11；李华负责附录 1、附录 2 的资料搜集、整理及编辑工作。全书由邓集华统稿、修正。

由于编者水平和经验有限，书中如有欠妥之处，敬请广大读者批评指正。

编　者

2010 年 5 月

目 录

任务 1   认识数控车床

学习目标

完成本学习任务后，你应当能：

（1）认识数控车床的结构；

（2）了解数控车床系统相关标准，并能在实际操作中简单运用；

（3）正确进行数控车床的开机、关机操作；

（4）初步形成安全操作、文明实训意识。

学习时间

6 学时

知识结构

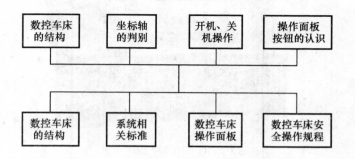

生产任务分析

初学者进入数控车床实训车间，对数控车床进行初步的了解与操作。

一、基础知识

1. 数控车床组成

1）观察数控车床

通过现场观察数控车床，请把你了解到的数控车床信息填写到表 1-1 中，并在备注栏中注明你对该信息的疑问。

表 1-1　数控车床信息采集表

序　号	机床信息内容	备　注
1	GSK980TA	代表什么意思不明白
2		
3		
4		
5		

2）数控车床的结构

数控车床又称 CNC 车床，是计算机数字控制车床的简称，是集机械、电气、液压、气动、微电子与信息等多项技术为一体的机电一体化产品，是机械制造设备中具有高精度、高效率、高自动化和高柔性化等优点的工作母机，它由信息载体、数控装置、伺服系统及车床本体等四大部分组成。

经济型数控车床外形如图 1-1 所示。

图 1-1　G-CNC350 数控车床

数控车床主要用于轴类零件和盘类回转体零件的加工，能够通过程序控制自动完成内外圆柱面、圆锥面、圆弧面、螺纹等工序的切削加工，并可以进行切槽、钻孔、扩孔、铰孔及各种回转曲面的加工。

📖 **小词典**　　　　**G-CNC350 和 GSK980TA 的含义**

G——广州机床

CNC——数控车床

350——最大回转直径为 350 mm

GSK——广州数控系统

980TA——数控车床系统型号

名 词 解 释

（1）信息载体，又称控制介质，是人与机床间建立某种联系的中间媒介物，如纸带、磁带、磁盘等。

（2）数控装置，是数控机床的中心环节，由输入装置、控制器、运算器和输出装置等四部分组成，主要集中在数控车床中的控制面板及电气控制柜等位置。

（3）伺服系统，指以机械位置或角度作为控制对象的自动控制系统，是数控装置与机床的连接环节。数控车床的进给伺服系统一般由位置控制、速度控制、伺服电动机、检测部件及机械传动机构等五大部分组成。

（4）车床本体，是加工运动的实际机械部件，主要包括主运动部件、进给运动部件、支承部件和辅助装置，如床身、主轴、刀架、工作台、尾座、冷却系统、照明系统、防护门、垫铁等。

2. 数控车床系统相关标准

1）数控机床的坐标系

（1）机床坐标系的功用。

机床坐标系的建立是为了确定刀具或工件在车床中的位置，确定车床运动部件的位置及其运动范围。

（2）数控车床坐标系标准。

① 数控车床采用右手笛卡儿直角坐标系。

如图 1-2 所示，三个坐标轴 X、Y、Z 互相垂直，右手拇指所指的方向为 $+X$，食指所指的方向为 $+Y$，中指所指的方向为 $+Z$；绕 X、Y、Z 三轴作回转运动的坐标分别为 A、B、C，它们的方向用右手螺旋法则判断。

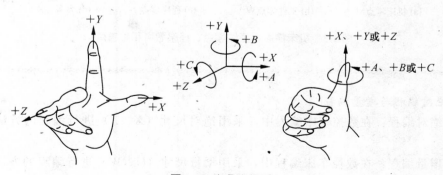

图 1-2　直角坐标系

② 假定工件总静止不动，而刀具在坐标系内移动。

③ 规定数控车床的主轴与坐标系的 Z 轴重合，X 轴为水平的坐标轴。

④ 规定刀具远离工件的方向为坐标轴的正方向。

 知识链接 **机床坐标系中的参考点**

（1）机床零点。

机床坐标系的原点称为机床零点，用 M 表示，符号如图 1-3（a）所示。机床零点是机床上的一个固定点，由生产厂家事先确定。而数控车床中其他的坐标系，如工件坐标系、编程坐标系、机床参考点等，都是以机床零点为基准点而建立的。数控车床的机床零点一般设在主轴前端法兰盘定位面的中心。

（2）工件零点。

由操作者或编程者在编制零件的加工程序时，以工件上某一固定点为原点建立的坐标系，称为工件坐标系。工件坐标系的原点称为工件零点，用字母 W 表示，符号如图 1-3（b）所示。数控车床编程中，工件坐标系的原点通常选择在加工零件右端面与 Z 轴的交点处，由对刀操作来设定。

（3）程序零点。

编程时设定的零点即程序零点。对于简单零件来说，通常工件零点就是编程零点。程序零点的符号如图 1-3（c）所示。

（4）机床参考点。

机床参考点是为了对工作台与刀具之间相对运动进行定标和控制的测量系统的基准点。参考点的位置在每个进给坐标轴（X、Z 轴）上，用挡铁和限位开关预先精确确定。参考点通常设置在 X、Z 轴正方向的极限处，用字母 R 表示，符号如图 1-3（d）所示。

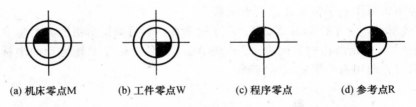

| (a) 机床零点M | (b) 工件零点W | (c) 程序零点 | (d) 参考点R |

图 1-3 机床零点、工件零点、程序零点和参考点

2）绝对编程与增量编程

（1）绝对编程：在数控车床编程中，采用绝对尺寸（X、Z）进行编程的方法称为绝对编程。

（2）增量编程：在数控车床编程中，采用增量尺寸（U、W）进行编程的方法称为增量编程，又称相对编程。

（3）混合编程：在数控车床编程中，既有绝对尺寸编程，又有增量尺寸编程，即采用混合坐标尺寸（X/U、Z/W）编程的方法称为混合编程。

知识链接 　　　　绝对尺寸和增量尺寸

零件图上尺寸的标注，一般采用绝对尺寸和增量尺寸两种方式。

绝对尺寸标注方式，就是以工件坐标系的零点为基准点标注零件图上各点的尺寸，如图 1-4（a）所示。

增量尺寸标注方法的基准点则是不固定的，前一点总是作为后一点的零点，所标注尺寸总是反映前后两点间的相对距离，所以也称相对尺寸标注法，或称链式尺寸标法，如图 1-5（a）所示。

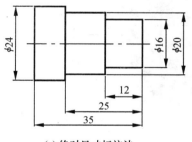

(a) 绝对尺寸标注法

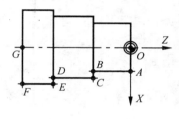

(b) 绝对尺寸坐标值

	X	Z
O	0	0
A	16	0
B	16	−12
C	20	−12
D	20	−25
E	24	
F		
G	0	−35

图 1-4　绝对尺寸

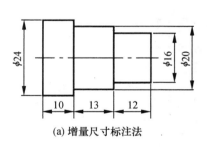

(a) 增量尺寸标注法

(b) 增量尺寸坐标值

	U	W
O	0	0
A	8	0
B	0	−12
C	2	0
D	0	−13
E		0
F		
G	−12	0

图 1-5　增量尺寸

练习：分别完成图 1-4 及图 1-5 所示表格中 E 点、F 点空白处的绝对尺寸坐标值及增量尺寸坐标值。

3）直径编程与增量编程

由于数控车床加工的零件都为回转体类零件，所以在程序编辑过程中，X 轴方向的坐标值既可采用直径值，也可采用半径值。

把采用直径值进行程序编辑的方法称为直径编程，如图1-4（b）所示 X 坐标值。把采用半径值进行程序编辑的方法称为增量编程，如图1-5（b）所示 X 坐标值。

回转体类零件在标注时都采用直径值标注，所以为了编程方便，通常采用直径编程。

注意： 数控车床系统默认为直径编程。

3. 数控车床操作面板

图1-6 所示为 GSK980TA 数控系统的操作面板，由液晶显示区、键盘区和控制面板区三大块构成，请你在图1-6 中分别注明。

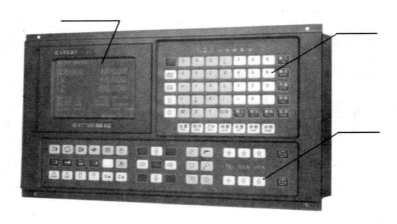

图 1-6　GSK980TA 数控系统操作面板

各按钮说明如下。

〔//〕：复位键，解除报警，CNC 系统复位。

〔≣〕：显示界面向上翻页，使 LCD 画面的页逆时针方向更换。

〔≣〕：显示界面向下翻页，使 LCD 画面的页顺时针方向更换。

〔⇩〕〔⇧〕：光标上、下移动键。

〔◇〕：编辑方式键，选择编辑操作方式。

〔▭〕：自动方式键，选择自动操作方式。

〔◎◇〕：录入方式键，选择录入操作方式。

〔✦〕：机械回零，返回机床参考点。

〔◎〕：手轮/单步转换键，利用移动增量使工作台单步移动。

〔✋〕：手动方式键，用于单独控制机床的各种功能。

〔▯〕：单程序段键，执行程序的一个程序段后，停止。

〔MST〕：MST 功能锁住键，锁住 M、S、T 代码指令不执行。

▢：空运转键，无论程序中如何指定进给速度，都不执行。

▢　▢：手轮操作轴选择键，选择与手摇脉冲发生相对应的移动。

▢：手动/手轮/单步方式下按下此键，刀架旋转换下一把刀。

▢：手动/手轮/单步方式下按下此键，手动对冷却液进行"开→关→开→……"的切换。

▢：手动/手轮/单步方式下按下此键，手动进行润滑油的"开→关→开→……"切换。

▢：手动/手轮/单步方式下按下此键，手动启动主轴正向转动。

▢：手动/手轮/单步方式下按下此键，手动启动主轴反向转动。

▢：手动/手轮/单步方式下按下此键，手动停止主轴转动。

⊗%：主轴转速倍率。

∿%：快速移动倍率。

⋀%：进给速度倍率。

> **练习**：请你对照以上按钮图标，在数控车床操作面板上分别找到各按钮所在的位置。

4. 数控车床安全操作规程

请你参观数控车床实训室，并认真阅读数控车床安全操作规程，通过小组讨论，判断以下内容是否符合安全操作规程，在你认为正确的内容后面画"√"，错误的后面画"×"，并修正错误内容。

① 规范着装，操作机床时不允许戴手套，女生需戴安全帽。　　　　（　　）

② 同一时间，只允许一个人进行机床操作。　　　　　　　　　　（　　）

③ 严格按照操作规程进行开机、关机。　　　　　　　　　　　　（　　）

④ 当机床故障时，可自行解决。　　　　　　　　　　　　　　　（　　）

⑤ 机床自动加工时，必须关闭防护门。　　　　　　　　　　　　（　　）

⑥ 每次操作完毕，必须进行机床清洁与保养，以及清扫实训场地。（　　）

⑦ 在实训场地喧哗、追逐、打闹。　　　　　　　　　　　　　　（　　）

⑧ 修磨刀具时，必须戴防护眼镜。　　　　　　　　　　　　　　（　　）

⑨ 每次下班后，断电、断水、关闭门窗。　　　　　　　　　　　（　　）

⑩ 严格遵守劳动纪律，不迟到，不早退。　　　　　　　　　　　（　　）

⑪ 工作过程坚守岗位，不离岗、串岗。　　　　　　　　　　　　（　　）

⑫ 物品只要方便使用，可以随处摆放。　　　　　　　　　　　　（　　）

二、生产实践

1. 区分数控车床各部分组成

对照数控车床，填写图 1-7 中各部分的名称，小组成员间相互口述其功能。

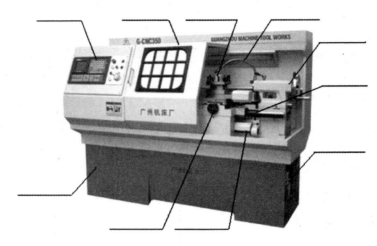

图 1-7　数控车床组成

2. 机床坐标轴判别

结合前面基础知识中的数控车床相关标准，在数控车床上面判断数控车床 X 轴、Z 轴的方位，判别其正方向，并在小组成员间互相讨论。

3. 开机与关机操作

请你参照普通车床的开机、关机操作步骤，询问老师，对以下数控车床开机、关机操作步骤进行排序，并在数控车床上进行开机、关机操作。

（1）数控车床开机顺序：___ⓒ___ → _____ → _____ → _____ → _____ 。

（2）数控车床关机顺序：_____ → _____ → _____ → _____ → ___ⓒ___ 。

ⓐ 机床电源；　　　　　　　ⓑ 数控系统电源；　　　　　　　ⓒ 电源总闸；

ⓓ 检测机床主轴、刀架及工作台是否运转正常；　　　　ⓔ 机床点检

知识链接　　　　　　　　机床点检

在工厂实际操作中，每次开机前，操作人员都必须对机床进行点检操作。点检内容包括电气开关是否损坏、机械部分是否松动、润滑油位是否达标、冷却液是否够量，并对机床各润滑点进行润滑，同时填写设备点检表。

4. 操作面板按钮认识

通过识读数控车床操作面板上的各按钮及其功能，摘录其中你认为特别的 10 个按钮，并将其填入表 1-2。

表 1-2　操作按钮摘录表

序　号	图　标	名　称	功　能　描　述
1			
2			
3			
4			
5			
6			
7			
8			
9			
10			

三、质量评估与反馈

（1）每位学员向教师口述数控车床安全操作注意事项，教师给出评价。

学生姓名：_____　安全知识掌握情况：_____　教师签名：_____

（2）各小组派代表口述数控车床开机、关机操作步骤，小组成员各自记录。

开机、关机操作步骤记录：

（3）在教师的监督下，各小组成员在数控车床上指出 X 轴、Z 轴在机床中的方位，判别各坐标轴的正方向，教师给出评价。

学生姓名：_____　学习内容掌握情况：_____　教师签名：_____

任务 2　数控车床对刀操作

学习目标

完成本学习任务后，你应当能：

（1）正确装夹零件及安装刀具；

（2）正确操作机床运转及手动切削；

（3）清楚基准刀和非基准刀的对刀过程；

（4）判别对刀操作正确与否；

（5）使用游标卡尺；

（6）严格执行 5S 现场管理制度。

学习时间

6 学时

知识结构

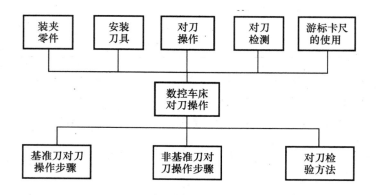

生产任务分析

在实际生产操作中，需要在数控车床上完成零件产品的自动加工及数控车床的对刀操作，这是零件自动加工的提前与保障，它将直接影响加工零件的质量与生产效率。本任务就是学习数控车床的基本操作——对刀操作。

一、基础知识

数控车床对刀操作方法有定点对刀法和试切对刀法两种。在教学及实际加工中，为了提高操作效率，通常采用试切对刀法与定点对刀法相结合的方法对刀。

 小词典　　　　　　　　**定点对刀法与试切对刀法**

（1）定点对刀法是为把刀尖移动到坐标系中某一固定点而进行的对刀操作，其操作简单、效率高，但误差较大。

（2）试切对刀法是由于每把刀具在进行对刀操作时，都要对零件进行试切以获取相关数值而得名。此方法操作步骤多，导致对刀速度较慢；但其对刀精度较高。

1. 基准刀的对刀操作

请查阅《GSK980TA 车床 CNC 使用手册》，并请教老师，试找出试切对刀与以下基准刀的对刀操作步骤哪些方面有所改动，并思考两者之间有何优缺点，填写到表 2-1 中。

表 2-1　基准刀对刀操作步骤卡

序号	操作步骤	操作内容（T01 为基准刀）	与试切对刀对比优缺点
1	选择基准刀具	把刀架移至安全换刀点→选择 ⊡ 键 → 按【程序】键 →按 ☰☰ 键把显示界面翻页至"程序段值"界面→按 T0100 等按键→按【输入】键→再按 ▮ 键	
2	清除刀偏值	按【刀补】键→按 ⬇ ⬆ 把光标移至 001 处→按 X0 键→按【输入】键→按 Z0 键→按【输入】键	
3	Z 轴对刀操作	【手动】方式→车零件右端面→X 轴正方向退出，Z 轴方向不变→选择 ⊡ 方式→按 G50 及【输入】键→按 Z0 及【输入】键→按 ▮ 键	
4	X 轴对刀操作	【手动】方式→车零件外圆→Z 轴正方向退出，X 轴方向不变→主轴停止，测量外圆直径→选择 ⊡ 方式→按 G50 及【输入】键→按 X 及测量的直径值→按【输入】键→按 ▮ 键	

2. 非基准刀的对刀操作

请查阅《GSK980TA 车床 CNC 使用手册》，并请教老师，试找出试切对刀与以下非基准刀的对刀操作步骤哪些方面有所改动，并思考两者之间有何优缺点，填写到表 2-2 中。

表 2-2　非基准刀对刀操作步骤卡

序号	操作步骤	操作内容（T02 为非基准刀）	与试切对刀对比优缺点
1	选择非基准刀具	把刀架移至安全换刀点→选择 ⊡ 键 →按【程序】键→按 ▤ ▤ 键把显示界面翻页至"程序段值"界面→按 T0200 等按键→按【输入】键→再按 ▮ 键	
2	Z 轴对刀操作	【手动】方式→主轴正转→刀尖碰零件右端面→按【刀补】键→按 ▤ ▤ ⇩ ⇧ 等键把光标移至 102 处→按 Z0 及【输入】键	
3	X 轴对刀操作	【手动】方式→主轴正转→刀尖碰零件外圆表面→按【刀补】键→按 ▤ ▤ ⇩ ⇧ 等键把光标移至 102 处→按 X 及刀尖所碰外圆的直径值→按【输入】键	

3. 对刀检验方法

对刀检验操作步骤和对刀测量方法分别如表 2-3 和图 2-1 所示。

表 2-3　对刀检验操作步骤

序号	操作步骤	操作内容
1	选择需要检验的刀具	假设检测 2 号刀具。把刀架移至安全换刀点→选择 ⊡ 键→按【程序】键→按 ▤ ▤ 键把显示界面翻页至"程序段值"界面→按 T0202 等按键→按【输入】键→再按 ▮ 键
2	刀架移至检测点	选择 ⊡ 方式→按 G00 及【输入】键→按 X100 Z0 及【输入】键→按 ▮ 键
3	测量	利用直钢尺测量刀尖至零件轴心处的距离，若数值为 50 mm，则此刀具 X 方向对刀操作正确；若刀尖与零件右端面处于同一平面，则此刀具 Z 方向对刀操作正确，如图 2-1 所示

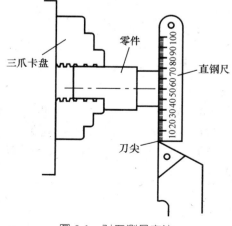

图 2-1　对刀测量方法

二、生产实践

1. 装夹零件

结合普车实习时零件的装夹步骤，观看教师操作示范，试总结装夹零件注意事项，并填写到表 2-4 中。

表 2-4　数控车床装夹零件注意事项

序　号	注　意　事　项	具　体　要　求
1	伸出卡盘长度	
2	三爪夹持长度	
3	同轴度	
4	其他	

2. 安装刀具

结合普车实习时刀具的安装步骤，观看教师操作示范，试总结安装刀具的注意事项，并填写到表 2-5 中。

表 2-5　数控车床刀具安装注意事项

序　号	注　意　事　项	具　体　要　求
1	刀尖高度	
2	刀头伸出刀架长度	
3	刀具安装位置与角度	
4	压紧螺钉	
5	其他	

3. 游标卡尺的使用

游标卡尺是比较精密的量具，如图 2-2 所示。使用时应注意如下事项。

（1）使用前，应先擦干净两卡脚测量面，合拢两卡脚，检查副尺 0 线与主尺 0 线是否对齐，若未对齐，应根据原始误差修正测量读数。

（2）测量工件时，卡脚测量面必须与工件的表面平行或垂直，不得歪斜，并且用力不

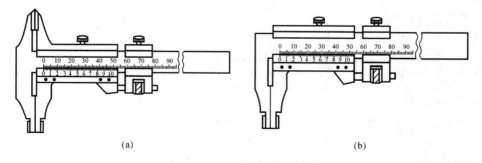

(a)   (b)

图 2-2　游标卡尺的两种结构

能过大，以免卡脚变形或磨损，影响测量精度。

（3）读数时，视线要垂直于尺面，否则会导致测量值不准确。

（4）测量内径尺寸时，应轻轻摆动，以便找出最大值。

（5）游标卡尺用完后，仔细擦净，抹上防护油，平放在盒内，以防生锈或弯曲。

游标卡尺适合于测量外圆、沟槽、内孔的尺寸，其测量方法如表 2-6 所示。

表 2-6　游标卡尺的使用图示

序号	检测内容	检 测 图 示	正 确 方 法	错 误 方 法
1	外圆		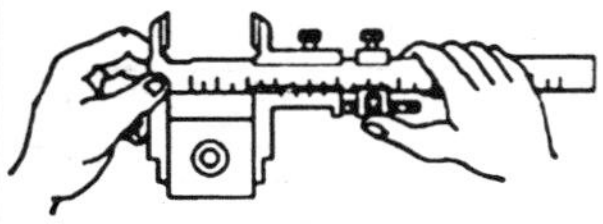	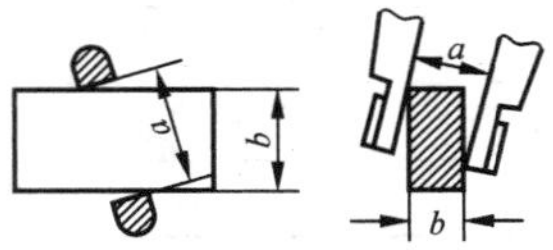
2	沟槽直径		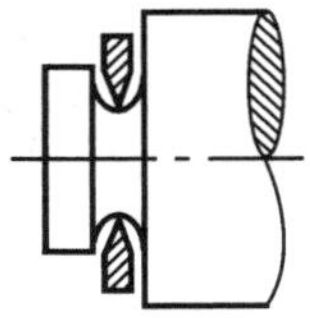	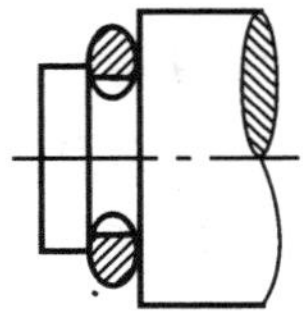
3	沟槽宽度	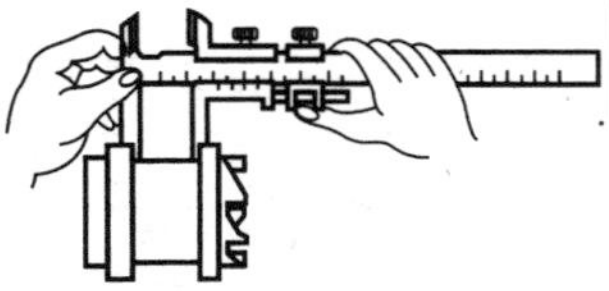	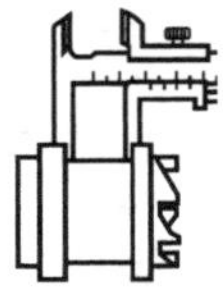	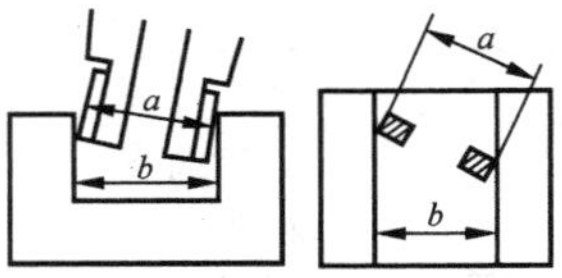
4	内孔	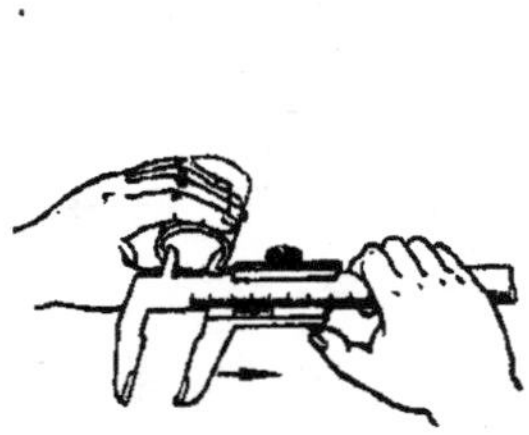	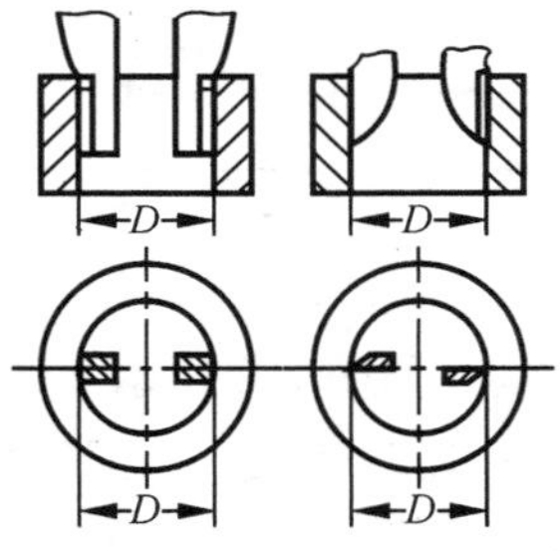	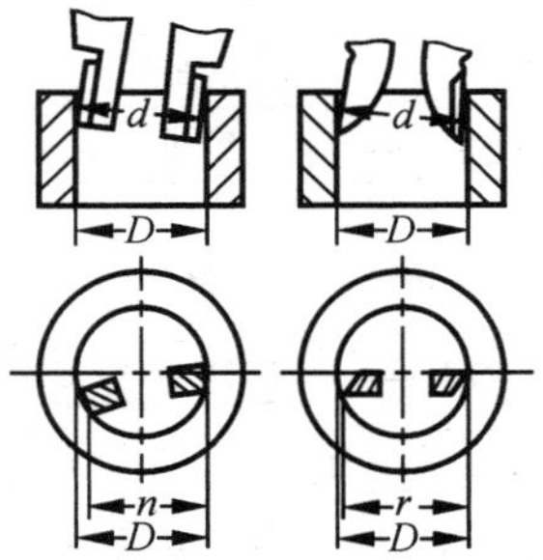

请参照以上游标卡尺的使用方法，分别测量样品零件的外圆、沟槽及内孔尺寸，并把测量结果填写到表 2-7 中。

表 2-7　游标卡尺测量记录表

序号	检测部位	目 标 尺 寸	检 测 结 果
1	外圆		
2	沟槽直径		
3	沟槽宽度		
4	内孔		

4. 基准刀的对刀操作

请参照基准刀的对刀步骤，按照图 2-3 中图（a）→图（b）→图（c）→图（d）→图（e）→图（f）→图（g）所示操作顺序，在数控车床上进行基准刀（练习时以外圆车刀为基准刀，装在 1 号刀位）的对刀操作。

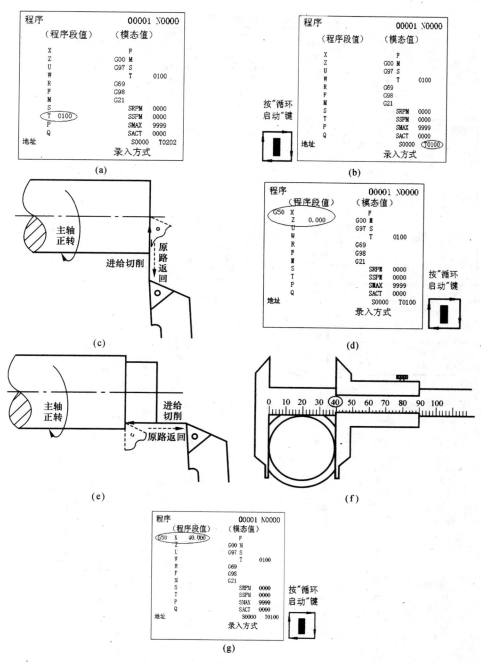

图 2-3 基准刀的对刀示意图

5. 非基准刀的对刀操作

请参照非基准刀的对刀步骤，按照图 2-4 中图（a）→图（b）→图（c）→图（d）→图（e）→图（f）→图（g）→图（h）→图（i）所示操作顺序，在数控车床上进行非基准刀（练习时以切断车刀为非基准刀，装在 2 号刀位）的对刀操作。

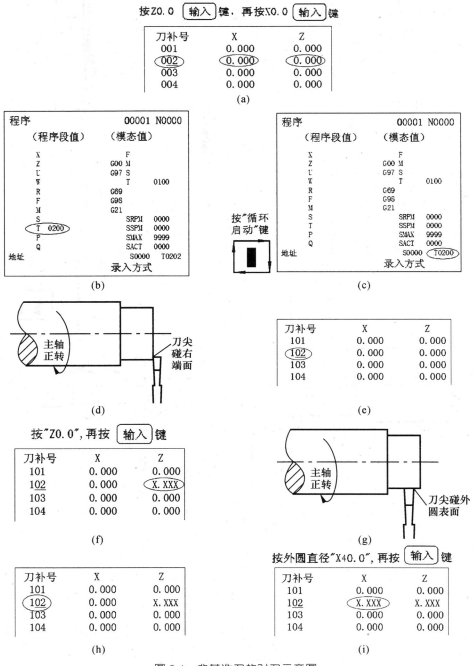

图 2-4　非基准刀的对刀示意图

6. 对刀检验

请参照对刀检验操作步骤，按照图 2-5 中图（a）→图（b）→图（c）所示操作顺序，在数控车床上进行各刀具（如检验 2 号刀具）的对刀检验操作。

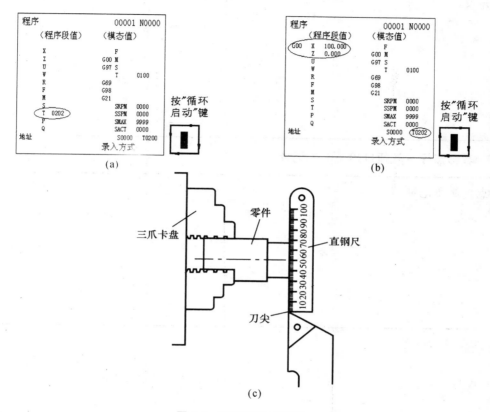

图 2-5　对刀检验示意图

三、质量评估与反馈

1. 对刀操作考核

学生独立上机，进行对刀操作，并自行检验 1 次。教师对学生的对刀操作过程进行全程监控，记录学生的操作情况，并填入表 2-8。

表 2-8　对刀操作考核表

学生姓名	考 核 记 录	综合评价		教师签名
		优	（　　）	
机床号		良	（　　）	考核时间
		合格	（　　）	
		不合格	（　　）	

2. 汇报学习情况

各小组派代表口头汇报整个学习任务的学习情况，有何建议？

学习建议：

建议人：＿＿＿＿＿＿

3. 教师点评（教师口述，学生记录）

教师点评简要记录：

记录人：＿＿＿＿＿＿

任务 3　柱塞的车削加工

学习目标

完成本学习任务后，你应当能：

（1）叙述柱塞的实际运用及其结构；

（2）运用 G00、G01、G90 指令进行编程；

（3）选择并修磨加工柱塞的刀具；

（4）正确使用外径千分尺、游标卡尺等量具；

（5）在数控车床上完成柱塞零件的加工；

（6）判别所加工零件产品是否属于合格品；

（7）严格执行 5S 现场管理制度。

学习时间

12 学时

知识结构

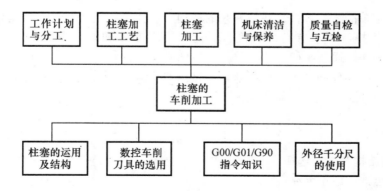

生产任务分析

某公司接到加工一批柱塞零件的生产订单，产品数量为 3 000 件，提供的零件图样如图 3-1 所示。

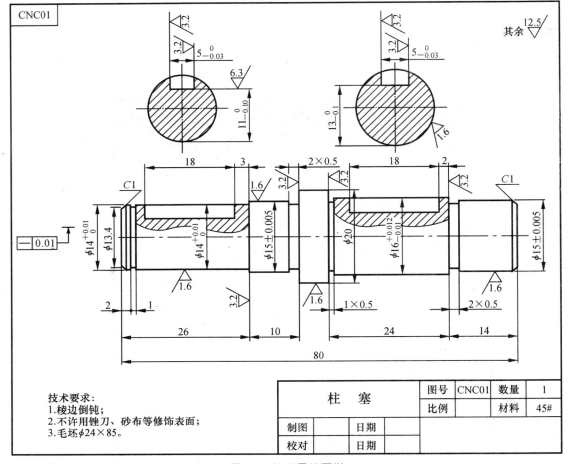

图 3-1　柱塞零件图样

　　柱塞是柱塞泵的核心部件。在柱塞泵的结构中，柱塞和柱塞套是一对精密偶件，经配对研磨后不能互换，要求有高的精度、低的表面粗糙度和好的耐磨性，其径向间隙为 0.002～0.003 mm。通过本任务的学习，掌握柱塞零件在数控车床上所能完成的加工内容及要求。为了达到零件的加工精度，请你严格按照机械产品加工操作规程制订柱塞零件的加工计划，并对加工成品进行质量检测。

一、基础知识

1. 柱塞的结构及工艺选择

　　如图 3-2 所示，柱塞零件由_____、_____、_____及 倒角 组成。

　　要加工出合格的柱塞零件产品，需要在不同设备上通过多道工序的加工才能完成。请在下列工艺中选择最合理的工序过程。（　　　）

　　A. 热处理→粗车→精车→铣→热处理→研磨

　　B. 热处理→粗车→半精车→铣→热处理→精磨

　　C. 热处理→粗车→半精车→铣→热处理→粗磨→精磨

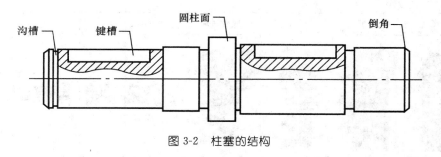

图 3-2 柱塞的结构

从上面的柱塞加工工序过程可知,在数控车床上只能完成_____和_____两道工序的加工内容,如图 3-3 所示。

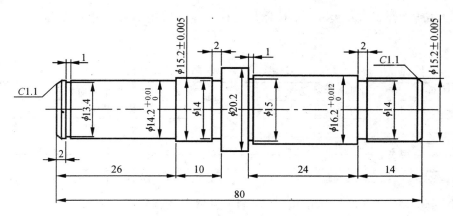

图 3-3 数控车床加工的柱塞轮廓

为了给后续的磨削工序提供加工余量,各外圆尺寸留有 0.2 mm 精加工余量,如图3-3所示。

2. 车削刀具的选用

常用数控车床车削刀具如表 3-1 所示。

表 3-1 常用数控车床刀具种类及用途

	外圆车刀	端面车刀	切槽车刀	外螺纹车刀	内螺纹车刀	内孔车刀
常用焊接车刀						

续表

	外圆车刀	端面车刀	切槽车刀	外螺纹车刀	内螺纹车刀	内孔车刀
常用机夹可转位车刀						
其他	中心钻		麻花钻		铰刀	

结合以前所学知识，从表 3-1 中选择加工柱塞零件所用刀具，并完善表 3-2 中刀具的相关信息。

表 3-2　刀具选用清单

序号	刀具号	刀具名称及规格	材质	数量	加工表面	备注
1	T01	90°外圆车刀	YT15	1	外圆轮廓	精车刀
2	T02			1	外圆轮廓	粗车刀
3	T03	1 mm 外圆切槽刀	白钢			

📖 小词典　　　　常用的数控车削刀具材料及牌号

（1）高速钢：包括通用型高速钢（W18Cr4V、W6Mo5Cr4V2），高性能高速钢（9W18Cr4V、W6Mo5Cr4V3、W2Mo9Cr4VCo8），以及粉末冶金高速钢。

（2）硬质合金：有 YG（K）类，即 WC-Co 类硬质合金（YG6、YG8、YG3X、YG6X）；YT（P）类，即 WC-TiC-Co 类硬质合金（YT15）；YW（M）类，即 WC-TiC-TaC 类硬质合金（YW8、YW12）。

（3）新型加工刀具材料：涂层刀具、陶瓷、金刚石、立方氮化硼等。

3. G00、G01、G90 指令格式及刀具路径

1）快速定位 G00 指令

格式：

　　G00 X(U)_ Z(W)_

X、Z：绝对编程时，目标点在工件坐标系中的坐标；

U、W：增量编程时，刀具相对于起点移动的距离。

2）直线插补功能 G01 指令

格式：

　　G01 X(U)_ Z(W)_ F_

X、Z：绝对编程时，目标点在工件坐标系中的坐标；

U、W：增量编程时，刀具相对于起点移动的距离；

F：进给速度。F 指定的速度在下一个 F 指令出现前一直有效。当指令为 G98 时，单位为 mm/min；当指令为 G99 时，单位为 mm/r。

3）内圆/外圆固定切削循环 G90 指令

格式：

$\qquad$ G90 X(U)_ Z(W)_ F_

X、Z：绝对编程时，切削终点在工件坐标系中的坐标；

U、W：增量编程时，切削终点相对于刀尖起点的距离；

F：进给速度。

4）刀具路径

通过数控车床仿真软件，在多媒体视频上观察 G00、G01、G90 三条数控加工指令的走刀过程，表 3-3 中为各指令选择正确的走刀路径。

表 3-3　刀具走刀路径

序号	G 指令走刀路径	说　明	填　空
1	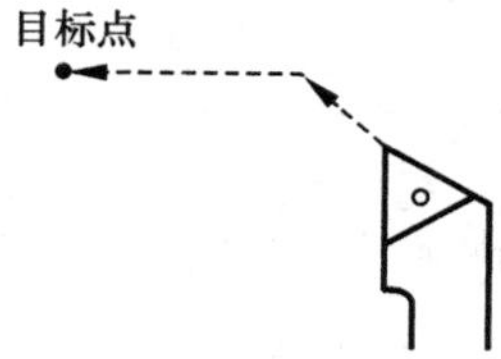 目标点	------表示快速	左图属于 G _____ 指令的走刀路径
2	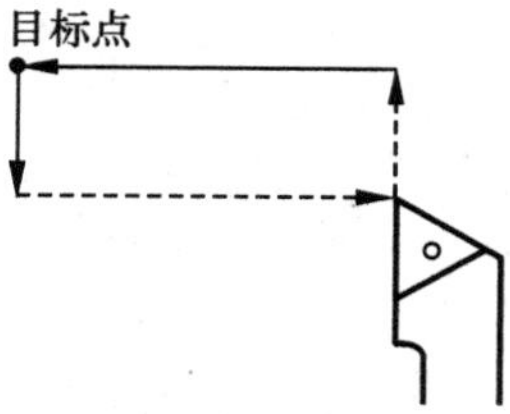 目标点	------表示快速 ——表示切削进给	左图属于 G _____ 指令的走刀路径
3	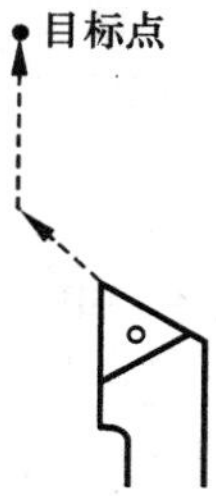 目标点	------表示快速	左图属于 G _____ 指令的走刀路径
4	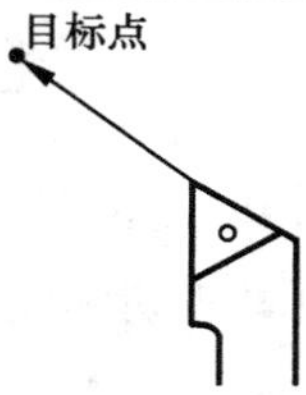 目标点	——表示切削进给	左图属于 G _____ 指令的走刀路径

小词典　　　　　　　　　**模态指令与一次性指令**

　　模态指令：在同组模态指令出现以前一直有效的指令，如 G00、G01、G90、F 及 X、Z 地址等。例如：

```
G00 X26 Z3    ；G00 为模态 G 指令
X13           ；G00 指令有效，可以省略。地址 Z 省略时，即执行上行的 Z3 值
G01 Z0.F200   ；同组模态指令 G01 出现，G00 无效
```

　　一次性指令：只在当前程序段有效的指令，如 G04（暂停）指令。

　　**知识拓展**　　　　　　　**圆锥固定切削循环 G90 指令**

　　格式：

　　　　G90 X(U)_　Z(W)_　R_　F_

　　说明：R 为圆锥起点半径与圆锥终点半径之差。

　　图 3-4 中的加工程序为 G90 X30 Z-20 R-5 F200 或 G90 U-10 W-20 R-5 F200。

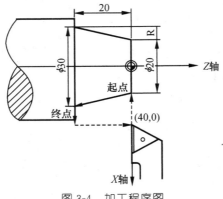

图 3-4　加工程序图

4. 外径千分尺的使用

　　1）外径千分尺的结构

　　外径千分尺的结构如图 3-5 所示。常用外径千分尺的规格有 0～25 mm、25～50 mm、50～75 mm、75～100 mm、100～125 mm 等，各规格之间是以 25 mm 为行程划分的。微分筒上主要刻度每格为 0.01 mm，分辨刻度每格为 0.001 mm。

　　2）外径千分尺的使用方法

　　（1）使用前清洁测量面和测微螺杆。

　　（2）用标准样块校正千分尺。

　　（3）测量时，先将测砧放置在工件的测量位置，转动微分筒，使测砧与工件接触，然后通过转动测力装置渐近测量面，听见 2～3 下"咔咔"的声音时，表明测量面已经接触上，测力装置卸荷有效，即可读数。

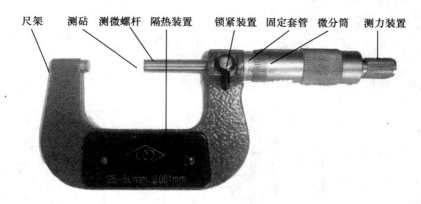

尺架 测砧 测微螺杆 隔热装置 锁紧装置 固定套管 微分筒 测力装置

图 3-5 外径千分尺的结构

3) 外径千分尺的读数

请结合"公差测量"课程学习外径千分尺读数方法，并请教老师，完成三组读数，并填写到表 3-4 中。

表 3-4 外径千分尺测量数据表

序号	检测部位	目标尺寸	检测结果
1	外圆直径 1		
2	外圆直径 2		
3	长度		

二、生产实践

1. 工作计划与分工

本任务采用小组学习法，以机床为单位，每小组 3 人，小组成员之间分工合作，共同完成学习任务。

把任务分成若干工作任务，制订工作计划，并把相关内容填写到表 3-5 中。

表 3-5 工作计划及分工表

序号	工 作 任 务	计划用时	实际用时	负 责 人
1	知识准备及程序编辑			小组全体成员
2	备料 $\phi24 \times 85$			
3	领取并校正量具			
4	领取及刃磨刀具			
5	程序录入及校验			
6	装刀及对刀操作			
7	零件加工及精度控制			
8	质量检测			小组全体成员
9	机床清洁与保养			小组全体成员

2. 讨论加工工艺

小组成员讨论柱塞的加工工艺，对图 3-6 所示的加工内容进行排序，并填写表 3-6 所示柱塞加工工艺卡片。

正确的加工顺序为：图（a）→图（ ）→图（ ）→图（ ）→图（ ）→图（ ）。

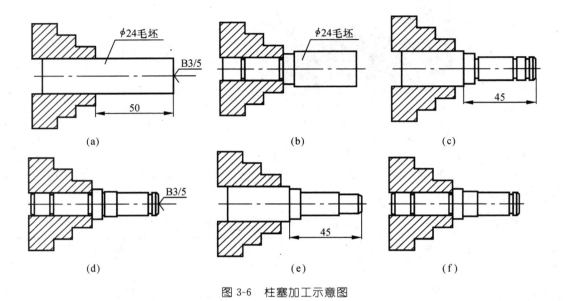

图 3-6　柱塞加工示意图

表 3-6　柱塞加工工艺卡片

单　　位		产品名称 或代号	零件名称	加工材料	零件图号	
			柱塞	45 钢		
工序号	程序编号	夹具名称	夹具编号	使用数控 系统	车间	备　注
1	O3001	三爪自定 心卡盘		GSK980TD		
工步号	工步内容	刀具号	主轴转速 /（r/min）	进给量 /（mm/r）	背吃刀量 /mm	
1	夹持毛坯，车零件右 端面，打中心孔	T02	800	—	—	手动
2	粗车零件右端 ϕ15.2、 ϕ16.2、ϕ20.2 外圆柱	T02	1 000	0.25	1.5	自动
3	精车零件右端 ϕ15.2、 ϕ16.2、ϕ20.2 外圆柱 及 1×45° 倒角	T01	2 000	0.1	0.4	自动
4	加工零件右端 ϕ14×2、 ϕ15×1 两条沟槽	T03	300	0.04	1	自动

续表

单　位		产品名称 或代号	零件名称	加工材料	零件图号	备　注
			柱塞	45 钢		
工序号	程序编号	夹具名称	夹具编号	使用数控 系统	车间	
2	O3002	三爪自定 心卡盘		GSK980TD		
工步号	工步内容	刀具号	主轴转速 /（r/min）	进给量 /(mm/r)	背吃刀量 /mm	
1	调头夹持 ϕ16 外圆、 手动车削保证零件 总长 80 mm 尺寸	T02	800	—	—	手动
2	粗车零件左端 ϕ14.2、 ϕ15.2 外圆柱			0.25	1.5	
3		T01	2000			自动
4	加工零件左端 ϕ13.4×1、 ϕ14×2 两条沟	T03			1	
编制		审核		批准		共 1 页 第 1 页

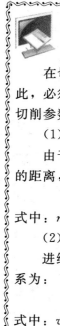

知识链接　　　刀具车削参数的计算及选择

在切削加工中，通常希望获得短的加工时间、长的刀具寿命和高的加工精度。因此，必须充分考虑工件材料的材质、硬度、形状及机床的性能，并选择合适的刀具及切削参数，即切削三要素。

（1）切削速度 v_c（m/min）。

由于主运动是工件的旋转，在其直径上的切点处，单位时间内刀尖相对工件产生的距离，称为切削速度。切削速度的计算公式为：

$$v_c = n\pi D/1000$$

式中：n 表示主轴转速（r/min），D 表示工件直径（mm）。

（2）进给量 f（mm/r）。

进给量是指工件每旋转一周，刀具沿切削方向的移动量。进给量与进给速度的关系为：

$$v_f = nf$$

式中：v_f 表示进给速度（mm/min）；n 表示主轴转速（r/min）。

（3）切削深度 a_p（mm）。

切削深度是指未加工表面与已加工表面之间的差值。

（4）切削参数的选择。

选择合理的切削参数，可以提高切削效率，获得较好的表面质量，延长刀具使用寿命，节约加工成本。选择切削参数时，主要考虑以下几点原则。

① 粗车时，选择大切削深度、大进给速度、低转速；精车时选择小切削深度、小进给速度、高转速。

② 高速钢刀具宜选择较小切削深度，硬质合金等高硬材料可选择较大切削深度。

③ 高速钢刀具宜选择较低切削速度；硬质合金等高硬材料应选择较高切削速度。

④ 进给量的选择必须小于刀尖圆角半径或倒棱（修光刃）宽度。

3. 柱塞零件加工

1）程序准备、录入及校验

小组成员结合前面学习的基础知识，参考图 3-3，识读柱塞加工程序右端的程序语句，并且参考柱塞右端程序，完成表 3-7 中柱塞左端程序的程序语句及程序说明。

表 3-7　柱塞的加工程序卡片

顺序号	程序语句	程序说明
	O3001；	程序号（柱塞右端程序）
N1	G00 X100 Z100；	快速定位至坐标系中（100，100）的安全换刀点
N2	T0202 M03 S1000；	调用 02 号外圆粗车刀及 02 号刀补，主轴正转，粗车转速为 1000 r/min
N3	G00 X26 Z3；	加工定位，刀尖快速接近毛坯，坐标点为（26，3）
N4	G00 X21（Z3）；	快速定位至（21，3）点，Z3 与上行数值相同，可省略
N5	G01（X21）Z－45 F250；	直线插补切削至（21，－45）点，粗车进给速度为 250 mm/min，X21 与上行数值相同，可省略
N6	（G01）X26（F250）；	进给退刀至（26，－45）点，G01 和 F250 为模态指令，可省略
N7	G00 Z3；	快速定位至（26，3）点
N8	G90 X18 Z－38（F250）；	外圆切削循环，切削终点为（18，－38）
N9	（G90）X17（Z－38）（F250）；	外圆切削循环，切削终点为（17，－38），G90 为模态指令，可省略
N10	（G90）X16 Z－14（F250）；	外圆切削循环，切削终点为（16，－14）
N11	G00 X100 Z100 M05；	快速退刀至（100，100）安全点，主轴停转
N12	M00；	程序暂停
N13	T0101 M03 S2000；	调用 01 号外圆精车刀及 01 号刀补，主轴正转，精车转速为 2000 r/min
N14	G00 X26 Z3；	快速定位至（26，3）点，刀尖接近工件

顺序号	程序语句	程序说明
	O3001；	程序号（柱塞右端程序）
N15	G00 X13；	快速定位至（13，3）点
N16	G01 Z0 F200；	进给切削至（13，0）点，精车进给速度为 200 mm/min
N17	(G01) X15.2 Z−1.1 (F200)；	加工 1.2×45°倒角，进给切削至（15.2，−1.1）点
N18	(X15.2) Z−14；	切削 ϕ15.2×14 外圆，进给切削至（15.2，−14）点
N19	X16.2 (Z−14)；	进给切削至（16.2，−14）点
N20	(X16.2) Z−38；	切削 ϕ16.2×24 外圆，进给切削至（16.2，−38）点
N21	X20.2 (Z−38)；	进给切削至（20.2，−38）点
N22	(X20.2) Z−45；	切削 ϕ20.2×6 外圆，进给切削至（20.2，−45）点
N23	G00 X100 Z100 M05；	快速退刀至（100，100）安全点，主轴停转
N24	M00；	程序暂停
N25	T0303 M03 S300；	调用 03 号切槽车刀及 03 号刀补，主轴正转，切槽转速为 300 r/min
N26	G00 X20 Z−14；	切槽刀左刀尖快速定位至沟槽 ϕ14×2 上方，即（20，−14）点
N27	G01 X14 (Z−14) F12；	加工沟槽 ϕ14×2 第一刀，以 F12 的速度进给切削至（14，−14）点
N28	(G01) X16 (Z−14)；	进给定位至（16，−14）点
N29	G00 W1；	相对刀尖当前点快速往 Z 正方向移动 1 mm，即移动至点（16，−13）
N30	G01 X14 F12；	加工沟槽 ϕ14×2 第二刀，以 F12 的速度进给切削至（14，−13）点
N31	(G01) (X14) W−1；	往 Z 轴负方向赶刀 1 mm，以消除两次切削中间的接痕
N32	G00 X22；	快速退刀至（22，−14）点
N33	Z−38；	切槽刀左刀尖快速定位至沟槽 ϕ15×1 上方，即（22，−38）点
N34	G01 X15 F12；	加工沟槽 ϕ15×1，以 F12 的速度进给切削至（15，−38）点
N35	G00 X100；	X 方向先快速退刀至（100，−38）点
N36	Z100 M05；	Z 方向退刀至（100，100）点，主轴停止
N37	T0100；	调回基准刀具 1 号车刀，取消刀补
N38	M30；	程序结束
	O3002；	程序号（柱塞左端程序）
N1	G00 X100 Z100；	快速定位至坐标系中（100，100）的安全换刀点
N2	T0202 M03 S1000；	
N3	G00 X26 Z3；	
N4	G00 X21 (Z3)；	

续表

顺序号	程 序 语 句	程 序 说 明
	O3002；	程序号（柱塞左端程序）
N5	G01（X21）Z－36 F250；	
N6	（G01）X26（F250）；	
N7	G00 Z3；	
N8	G90 X18 Z－36（F250）；	
N9	（G90）X16（Z－36）（F250）；	
N10	（G90）X15 Z－14（F250）；	
N11	G00 X100 Z100 M05；	
N12	M00；	
N13	T0101 M03 S2000；	
N14	G00 X26 Z3；	快速定位至（26，3）点，刀尖接近工件
N15		快速定位至（12，3）点
N16		进给切削至（12，0）点，精车进给速度为 200 mm/min
N17		加工 1.2×45°倒角，进给切削至（14.2，－1.1）点
N18		切削 φ14.2×26 外圆，进给切削至（14.2，－26）点
N19		进给切削至（15.2，－26）点
N20		切削 φ15.2×10 外圆，进给切削至（15.2，－36）点
N21	G00 X100 Z100 M05；	快速退刀至（100，100）安全点，主轴停转
N22	M00；	程序暂停
N23	T0303 M03 S300；	
N24	G00 X16 Z－3；	
N25	G01 X13.4 F12；	
N26	G00 X22；	
N27	Z－36	
N28	G01 X14（Z－36）F12；	
N29	（G01）X16（Z－36）；	
N30	G00 W1；	
N31	G01 X14 F12；	
N32	（G01）（X14）W－1；	往 Z 轴负方向赶刀 1 mm，以消除两次切削中间的接痕
N33	G00 X22；	快速退刀至（22，－36）点
N34	G00 X100；	X 方向先快速退刀至（100，－36）点
N35	Z100 M05；	Z 方向退刀至（100，100）点，主轴停止
N36	T0100；	调回基准刀具 1 号车刀，取消刀补
N37	M30；	程序结束

待程序编辑完成后，小组成员把准备好的程序手动录入机床数控系统，并进行模拟作图，以校验程序。

 小提示　　　　　　　　　　**模 拟 作 图**

（1）模拟作图状态下，为保障设备及人身安全，必须先按下"机床锁定"、"MST锁定"、"空运行"等按钮。

（2）模拟作图以后，必须要进行对刀操作，切记！

（3）其他相关操作可查阅《GSK980TD 车床数控系统使用手册》。

2）装刀与对刀操作

按照表 3-2 中要求，把各刀具装在相应刀位上，保证刀尖中心高、刀尖伸出刀架长度适中，并装正刀具。

对刀时，采用试切对刀法，以 1 号刀具为基准刀具，其余刀具为非基准刀具进行对刀操作。

注意：磨刀及对刀操作时，请戴防护眼睛，以防粉尘或铁屑飞入眼睛！

3）零件加工与质量控制

加工前，首先单步试车，修正主轴转速倍率、进给倍率、快速倍率等加工参数，然后运行程序自动加工。

在加工过程中，所有小组成员通过防护门，观看零件加工过程。负责加工操作的成员，必须在程序暂停的时候，对重要的加工尺寸进行检测，把所测原始数据填写到表 3-8 中，为后续的控制尺寸精度提供参考数据。如果所测原始数据与相应的理论值不同，可通过修正加工刀具对应的刀补值，从而保证零件的尺寸精度。

表 3-8　加工过程重要尺寸检测表　　　　　　　　　　单位：mm

序号	检测尺寸	粗车后 D		第一次精车后 D		第二次精车后 D	
		理论值	实测值	理论值	实测值	理论值	实测值
1	右端 $\phi15.2\pm0.005$	$\phi16$		$\phi15.2$		$\phi15.2$	
2	$\phi16.2^{+0.012}_{0}$	$\phi17$		$\phi16.206$		$\phi16.206$	
3	$\phi14.2^{+0.01}_{0}$	$\phi15$		$\phi14.205$		$\phi14.205$	
4	左端 $\phi15.2\pm0.005$	$\phi16$		$\phi15.2$		$\phi15.2$	

知识链接　　　　　　　　　　修改刀补法

修改刀补法是在加工过程中普遍使用的一种控制零件尺寸精度的方法。其计算公式为：

$$U = D_{理论值} - D_{实测值}$$

将各检测尺寸代入上述公式计算的理论值随粗车或精车的不同情况而有所不同，当计算出 U 的最终数值后，只需把"$U+$数值"输入到加工刀具对应的刀补号里面，然后再次运行程序加工即可实现尺寸精度的控制。

4. 机床清洁与保养

加工完毕后，小组全体成员一起对机床进行清洁与保养工作，小组长在表 3-9 中记录清洁与保养情况。

表 3-9　机床清洁与保养记录单

序　号	内　　容	要　　求	结　果　记　录
1	刀具	拆卸、整理、归位	
2	量具	清洁、保养、归位	
3	工具	整理、归位	
4	工作台	清洁、保养、回零	
5	导轨	清洁、保养	
6	主轴	清洁、保养	
7	刀架	清洁、保养	
8	机床外观	清洁	
9	电源	切断	
10	切屑	清扫	
11	工作区域	清扫	

知识链接　　　　　　　　　　5S 现场管理的定义

整理（seiri）：整理工作现场，区别要与不要的东西，只保留有用的东西，撤除不需要的东西。

整顿（seiton）：把要用的东西，按规定位置摆放整齐，并做好标志进行管理。

清扫（seiso）：将不需要的东西清除掉，保持工作现场无垃圾、无污秽的状态。

清洁（seiketsu）：维持以上整理、整顿、清扫后的局面，使工作人员觉得整洁、卫生。

保养（shitsuke）：通过进行上述 4S 的活动，让每个员工都自觉遵守各项规章制度，养成良好的工作习惯，做到"以厂为家、以厂为荣"。

三、质量评估与反馈

1. 质量自检与互检

零件加工完成后，每位小组成员必须对加工零件进行一次全面的检测，把检测结果填写到表 3-10 质量评估表中；然后，与小组其他成员的检测结果对比，防止检测时读数错误或检测方法有误；最后，小组成员一起判别：所加工产品可分为合格品、废品及可返修品，并在表 3-10 的"最终总评"一项中作出选择。

表 3-10　柱塞零件质量评估表

序号	检测尺寸		检测内容	检测结果	是 否 合 格	
1	外圆	右端 $\phi15.2\pm0.005$	IT			
2		$\phi16.2^{+0.012}_{0}$	IT			
3		$\phi14.2^{+0.01}_{0}$	IT			
4		左端 $\phi15.2\pm0.005$	IT			
5	长度	80	IT			
6	槽	$\phi14\times2$ 两处	IT			
7		$\phi15\times1$	IT			
8		$\phi13.4\times1$	IT			
9	倒角	$1.1\times45°$ 两处	有/无			
10	物品	按 5S 规范摆放	有/无			
11	安全	着装、规范操作	有/无			
12	最终总评	所有检测尺寸的 IT 都在公差范围，零件完整			合格品	
		有一个或多个检测尺寸的 IT 超出最小极限公差，零件不完整			废品	
		有一个或多个检测尺寸的 IT 超出最大极限公差，零件不完整			可返修品	

小词典　　　　　　　　**全面质量管理**

（1）全面质量管理的基本概念。

全面质量管理的英文字头是 TQC（total quality control），意即企业全体职工及有关部门同心协力，建立起从产品的研究设计、生产制造、售后服务等活动全过程的质量保证体系。基本核心是强调提高人的工作质量、设计质量和制造质量，从而保证产品质量，达到全面提高企业和社会经济效益的目的。

（2）全面质量管理的基本要求。

① 全面质量管理是全员参加的质量管理，必须抓好全员的质量管理教育，不断提高职工的技术素质、管理素质，开展各种形式的群众性的质量管理活动。

② 全面质量管理管辖的范围是产品产生、形成和实现的全过程，以预防为主的思想和为用户服务的思想管理企业的全面质量，其管理方法多种多样。

（3）全面质量管理的内容。

全面质量是包括产品质量、过程质量和服务质量（工作质量）在内的一个有机整体。全面质量管理不仅要对产品质量进行管理，还包括对产品质量以外的过程质量和服务质量进行管理。

（4）PDCA 工作循环。

PDCA 工作循环包括计划（plan）、实施（do）、检查（check）和处理（action）。

2. 汇报学习情况

各小组派代表口头汇报整个学习任务的安排和完成情况，有何建议？

学习建议：

建议人：_____

3. 教师点评（教师口述，学生记录）

教师点评简要记录：

记录人：_____

任务 4　球形摄像头的车削加工

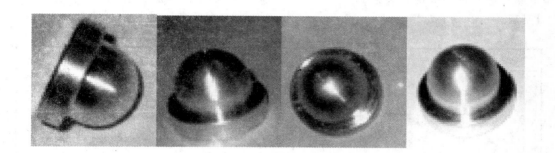

学习目标

完成本学习任务后，你应当能：

(1) 叙述球形摄像头的实际运用及结构；

(2) 运用 G02、G03、G71 指令进行编程；

(3) 选择并修磨加工球形摄像头的刀具；

(4) 正确使用 R 规进行圆弧检测；

(5) 在数控车床上完成球形摄像头零件的加工；

(6) 判别所加工零件产品是否属于合格品；

(7) 严格执行 5S 现场管理制度。

学习时间

12 学时

知识结构

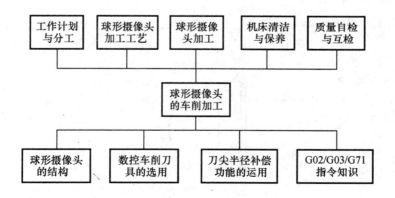

生产任务分析

  某厂有一批球形摄像头模芯需要生产，数量为100件，小批量生产。零件图样如图4-1所示。

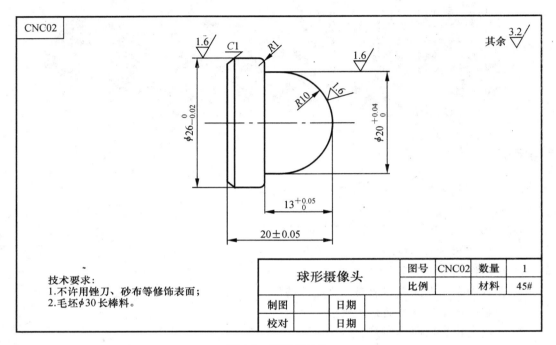

球形摄像头		图号	CNC02	数量	1
		比例		材料	45#
制图		日期			
校对		日期			

技术要求：
1.不许用锉刀、砂布等修饰表面；
2.毛坯ϕ30长棒料。

图4-1 球形摄像头

  球形摄像头零件是一个仿摄像头的工艺品，可供欣赏。

一、基础知识

1. 球形摄像头的结构组成

  如图4-2所示，球形摄像头零件由_____、_____、_____及 倒角 组成。

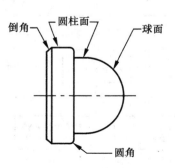

图4-2 球形摄像头的结构

2. 车削刀具的选用

常用数控车床车削刀具如表 4-1 所示。

表 4-1　常用数控车床刀具种类及用途

	外圆车刀	端面车刀	切槽车刀	外螺纹车刀	内螺纹车刀	内孔车刀
常用焊接车刀						
常用机夹可转位车刀						
其他	中 心 钻 		麻 花 钻		铰 刀 	

结合以前所学知识，从表 4-1 中选择加工球形摄像头零件所用刀具，并完善表 4-2 中刀具的相关信息。

表 4-2　刀具选用清单

序号	刀具号	刀具名称及规格	材质	数量	加工表面	备　注
1	T01	90°外圆车刀	YT15	1	精车球面、外圆柱面	精车刀 r0.2
2	T02			1		粗车刀
3	T03	3 mm 切断刀	高速钢	1		

3. G02、G03、G71 指令格式及刀具路径

1）顺时针/逆时针圆弧插补 G02/G03 指令

格式一：

　　G02/G03 X(U)_ Z(W)_ R_ F_

格式二：

　　G02/G03 X(U)_ Z(W)_ I_ K_ F_

X、Z：绝对编程时，目标点（圆弧终点）在工件坐标系中的坐标；

R：圆弧半径（不能进行整圆插补）；

I：圆心与圆弧起点 X 轴坐标的差值；

K：圆心与圆弧起点 Z 轴坐标的差值；

F：进给速度。F 指定的速度在下一个 F 指令出现前一直有效。当指令为 G98 时，单位为 mm/min；当指令为 G99 时，单位为 mm/r。

2）内圆/外圆粗车循环 G71 指令

指令格式如表 4-3 所示。

表 4-3　指令格式

G71	U（Δd）	R（e）					
G71	P（ns）	Q（nf）	U（ΔU）	W（ΔW）	F（F）	S（S）	T（T）
N（ns）	…			精加工形状程序段			
N（nf）	…						

表中各指令说明如下。

Δd：G71 运行时，X 轴方向每次的进刀量（切深、半径指定），无符号，进刀方向由精车程序段方向决定。该指定是模态值，一直到下个指定以前均有效，用系统参数（No.051）也可以设定；未指定 Δd 时，由系统参数 No.051 的值作为进刀量。

e：G71 运行时，X 轴方向每次的退刀量，由半径指定。该指定是模态值，也可以由系统参数（No.052）设定，用程序指定时，参数值也改变。

ns：精加工形状程序段的第一个程序段号。

nf：精加工形状程序段的最后一个程序段号。

ΔU：X 轴方向精加工余量及方向（直径或半径指定）。

ΔW：X 轴方向精加工余量及方向。

F、S、T：G71 运行时的进给速度、主轴转速、刀具号及刀偏号。此时精加工程序段的 F、S、T 均无效。

需要说明的是：

● Δd、ΔU 用同一地址 U 指定，其区分是根据程序段有无指定 P、Q 来判断；

● 执行 G71 时，ns 至 nf 程序段并不会执行，仅用于计算粗车轮廓，此时 G71 程序段的 F、S、T 有效，而精车 G70 运行时的 F、S、T 由 ns 至 nf 程序段中的 F、S、T 指定；

● 在带有恒线速控制选择功能时，A 至 B 间移动指令中的 G96 或 G97 无效，在含有 G71 或以前程序段中的 G96 或 G97 指令有效；

● ns 程序段只能是不含 Z（W）的 G00 或 G01 指令，否则 P/S065 报警；

● ns 至 nf 程序段中，不能调子程序；

● 精加工轮廓 B→C 间，X 轴、Z 轴必须都是单调增大或减小；

● Δd、ΔU 反映了粗车的坐标偏移和切入方向，按 Δd、ΔU 的符号有四种不同组合，如图 4-3 所示，无论哪种情况，刀具都是平行于 Z 轴移动进行切削的，图中，A→B→C 为精车轮廓，A′→B′→C′ 为粗车轮廓。

3）刀具路径

通过数控车床仿真软件，在多媒体视频上观察 G02、G03、G71 三条数控加工指令的走刀过程，并完成表 4-4 右边一列中相关填空。

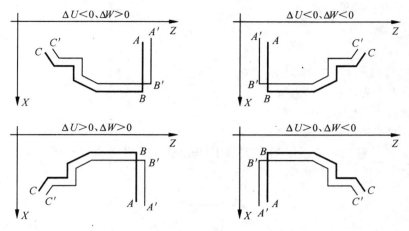

图 4-3 外圆粗车循环 △U、△W 的符号

表 4-4 G 功能指令刀具路径表

左边图形中，图（a）、图（b）所示路径为后置刀架的车床系统，图（c）、图（d）所示路径为前置刀架的车床系统。

试判别各图形分别属于什么指令的走刀路径，请在正确的答案后画"√"。

1. 图（a）为 G02（ ）G03（ ）

2. 图（b）为 G02（ ）G03（ ）

3. 图（c）为 G02（ ）G03（ ）

4. 图（d）为 G02（ ）G03（ ）

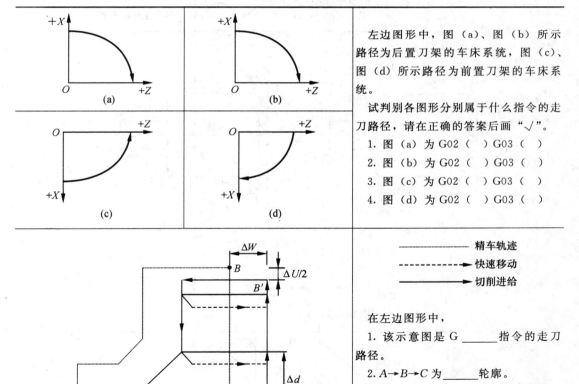

------- 精车轨迹
- - - ► 快速移动
───── ► 切削进给

在左边图形中，

1. 该示意图是 G _____ 指令的走刀路径。

2. A→B→C 为 _____ 轮廓。

3. A′→B′→C′ 为 _____ 轮廓。

4. △d 表示 _____。

5. △W 表示 _____。

6. △U/2 表示 _____。

7. e 表示 _____。

4. 刀尖半径补偿的运用

1）刀具半径补偿指令

格式：

G40/G41/G42 G00/G01 X_ Z_

G40：取消刀尖半径补偿；

G41：前刀座坐标系中右刀补；

G42：前刀座坐标系中左刀补；

应用刀尖半径补偿，必须根据刀尖与工件的相对位置来确定补偿方向及假想刀尖号码，分别如图 4-4 和图 4-5 所示。

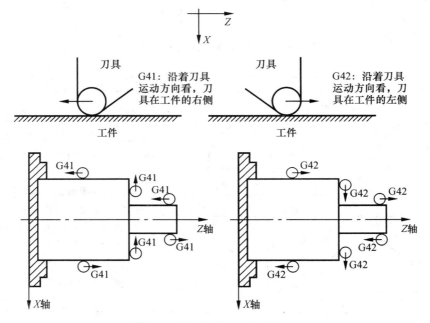

图 4-4　前刀座坐标系补偿方向

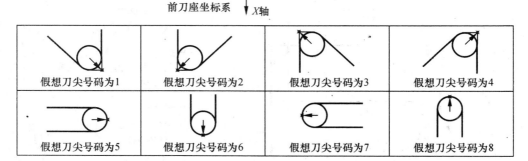

图 4-5　前刀座坐标系中假想刀尖号码

2）补偿值的设置

每把刀的假想刀尖号和刀尖半径值必须在应用刀补功能前预先设置，如表 4-5 所示。R 为刀尖半径补偿值，T 为假想刀尖号。

表 4-5 刀尖半径补偿值显示界面

序　号	X	Z	R	T
000	0.000	0.000	0.000	0
001	0.000	0.000	0.2	3
002	1.151	10.325	0.3	3
⋮	⋮	⋮	⋮	⋮
032	0.08	0.038	0.2	6

5. R 规的使用

R 规（见图 4-6）是利用光隙法测量圆弧半径的工具。测量时必须使 R 规的测量面与工件的圆弧紧密接触，当测量面与工件的圆弧中间没有间隙时，工件的圆弧度数则为此时对应的 R 规上所表示的数字。

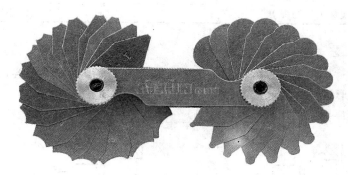

图 4-6 R 规实物图

由于是目测，故准确度不是很高，只能作定性测量。R 规的使用方法如图 4-7 所示。

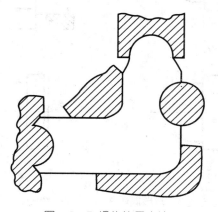

图 4-7 R 规的使用方法

二、生产实践

1. 工作计划与分工

本任务采用小组学习法，以机床为单位，每小组 3 人，小组成员之间分工合作，共同完成学习任务。

把本任务分成若干工作任务，制订工作计划，并把相关内容填写到表 4-6 中。

表 4-6　工作计划及分工表

序　号	工 作 任 务	计划用时	实际用时	负 责 人
1	知识准备及程序编辑			小组全体成员
2	备料 φ30 长棒料			
3	领取并校正量具			
4	领取及刃磨刀具			
5	程序录入及校验			
6	装刀及对刀操作			
7	零件加工及精度控制			
8	质量检测			小组全体成员
9	机床清洁与保养			小组全体成员

2. 讨论加工工艺

小组成员讨论球形摄像头零件的加工工艺，并对图 4-8 中各加工内容进行排序，填写完成表 4-7 所示球形摄像头加工工艺卡片。

正确的加工顺序为：图（　）→图（　）→图（　）→图（ d ）

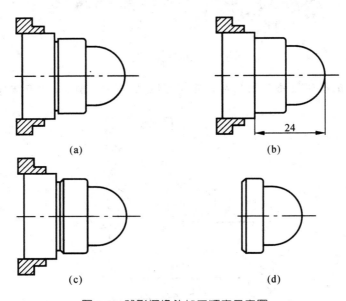

图 4-8　球形摄像头加工顺序示意图

表 4-7　球形摄像头加工工艺卡片

单　位		产品名称或代号	零件名称	加工材料	零件图号	备　注
			球形摄像头	45#		
工序号	程序编号	夹具名称	夹具编号	使用数控系统	车间	
1	O4001	三爪自定心卡盘		GSK980TD		
工步号	工步内容	刀具号	主轴转速 / (r/min)	进给量 / (mm/r)	背吃刀量 /mm	
1	夹持毛坯，车零件右端面	T03	800	—	—	手动
2	粗车 R10 球面、φ20 外圆柱、R1 圆角、φ26 外圆柱，长度车至 23 mm	T02	1000	0.25	1.5	自动
3	精车以上轮廓至尺寸要求		2000	0.1	0.2	自动
4	倒角 1×45°	T03		0.08		自动
5	切断工件		300			自动

3. 球形摄像头的加工

1）程序准备、录入及校验

小组成员结合学习的知识，参考图 4-1，完善表 4-8 中球形摄像头加工程序的程序语句及程序说明。

表 4-8　球形摄像头的加工程序卡片

顺序号	程序语句	程序说明
	O4001；	程序号
N1	G00 X100 Z100；	快速定位至坐标系中（100，100）的安全换刀点
N2	T0202 M03 S1000；	调用 02 号外圆粗车刀及 02 号刀补，主轴正转，粗车转速为 1000 r/min
N3	G00 X26 Z3；	加工定位，刀尖快速接近毛坯，坐标点为（26，3）
N4	G71 U1.5 R0.5；	粗车外圆轮廓，切削深度为 1.5 mm，X 轴方向留 0.4 mm 余量，Z 方向不留余量。粗车进给速度为 250 mm/min。精车轮廓程序段从 N6 至 N12
N5	G71 P6 Q12 U0.4 W0 F250；	
N6	G00 X0；	精车轮廓程序第一程序段，其中 Z 省略
N7	G01 Z0 F200；	切削进给速度移动刀具至圆弧起点，坐标点为（0，0）
N8	G03 X20 Z−10 R10；	圆弧车削，终点坐标为（20，−10）
N9	Z−13；	外圆柱切削，长度车至 13 mm

续表

顺序号	程 序 语 句	程 序 说 明
	O4001；	程序号
N10	X24；	进给速度移动刀具至 R1 圆弧起点，坐标点为（0，0）
N11	G03 X26 Z－14 R1；	倒 R1 圆角；圆弧终点为（26，－14）
N12	G01 Z－23；	车削 φ26 外圆，长度车至 23 mm
N13	G00 X100 Z100 M05；	快速退刀至（100，100）安全点，主轴停转
N14	M00；	程序暂停
N15	T0101 M03 S2000；	
N16	G42 G00 X32 Z3；	快速定位至（28，3）点，刀尖半径右补偿功能
N17	G70 P6 Q12；	精车，调用 P6 至 Q12 间程序段
N18	G40 G00 X100 Z100 M05；	取消刀尖半径补偿功能，退刀至安全点，主轴停
N19	M00；	
N20	M03 S300；	
N21	T00303；	调用 03 号切槽刀，刃宽 3 mm，左刀尖点对刀
N22	G00 X32 Z－23；	
N23	G01 X24 F25；	
N24	G00 X28；	
N25	G01 W1 F25；	
N26	X26；	
N27	G01 X24 W－1；	倒零件左端 1×45°倒角
N28	G01 X0；	切断
N29	G00 X100；	
N30	Z100 M05；	
N31	T0100；	调回基准刀具 1 号车刀，取消刀补
N32	M30；	程序结束

待程序编辑完成后，小组成员把准备好的程序手动录入机床数控系统，并进行模拟作图，以校验程序。

2）装刀与对刀操作

按照表 4-2 中的要求，把各刀具装在相应刀位上，保证刀尖中心高、刀尖伸出刀架长度适中，并装正刀具。

对刀时，采用试切对刀法，以 1 号刀具为基准刀具，其余刀具为非基准刀具进行对刀操作。对刀操作完成后，应该在 1 号精车外圆刀的刀补号 001 里面，设置 R0.2 及 T3，如表 4-5 所示。以程序中 G42 指令调用，执行刀尖半径补偿功能。

3）零件加工与质量控制

加工前，首先单步试车，修正主轴转速倍率、进给倍率、快速倍率等加工参数，然后运行程序自动加工。

在加工过程中，所有小组成员通过防护门观看零件加工过程。负责加工操作的成员，必须在程序暂停的时候，对重要的加工尺寸进行检测，把所测原始数据填写到表 4-9 中，为后续的控制尺寸精度提供参考数据。如果所测原始数据与相应的理论值不同，可通过修正加工刀具对应的刀补值，从而保证零件的尺寸精度。

表 4-9 加工过程重要尺寸检测表 单位：mm

序号	检测尺寸	粗车后 D		第一次精车后 D		第二次精车后 D	
		理论值	实测值	理论值	实测值	理论值	实测值
1	$\phi 20^{+0.04}_{0}$	$\phi 20.4$		$\phi 20$		$\phi 20$	
2	$\phi 26^{0}_{-0.02}$	$\phi 26$		$\phi 16.206$		$\phi 16.206$	
3	$13^{+0.05}_{0}$	13		13		13	
4	20 ± 0.05	20		20		20	

4. 机床清洁与保养

加工完毕后，小组全体成员一起对机床进行清洁与保养工作，小组长在表 4-10 中记录清洁与保养情况。

表 4-10 机床清洁与保养记录单

序 号	内 容	要 求	结 果 记 录
1	刀具	拆卸、整理、归位	
2	量具	清洁、保养、归位	
3	工具	整理、归位	
4	工作台	清洁、保养、回零	
5	导轨	清洁、保养	
6	主轴	清洁、保养	
7	刀架	清洁、保养	
8	机床外观	清洁	
9	电源	切断	
10	切屑	清扫	
11	工作区域	清扫	

三、质量评估与反馈

1. 质量自检与互检

当零件加工完成后，每位小组成员必须对加工零件进行一次全面的检测，把检测结果填写到表 4-11 所示的质量评估表中。然后与小组其他成员的检测结果对比，防止检测时读数错误，或者检测方法有误。最后小组成员一起判别：所加工产品分为合格品、废品或可返修品，并在表 4-11 的"最终总评"一项中作出选择。

表 4-11　球形摄像头零件质量评估表

序号	检测尺寸		检测内容	检测结果	是否合格	
1	外圆	$\phi20^{+0.04}_{0}$	IT			
2		$\phi26^{0}_{-0.02}$	IT			
3	长度	$13^{+0.05}_{0}$	IT			
4		20 ± 0.05				
5	倒角	$1\times45°$倒角	有/无			
6		$R1$ 圆角	有/无			
7	物品	按 5S 规范摆放	有/无			
8	安全	着装、规范操作	有/无			
9	最终总评	所有检测尺寸的 IT 都在公差范围，零件完整			合格品	
		有一个或多个检测尺寸的 IT 超出最小极限公差，零件不完整			废品	
		有一个或多个检测尺寸的 IT 超出最大极限公差，零件不完整			可返修品	

2. 汇报学习情况

各小组派代表口头汇报整个学习任务的安排和完成情况，有何建议？

学习建议：

建议人：＿＿＿＿＿＿

3. 教师点评（教师口述，学生记录）

教师点评简要记录：

记录：＿＿＿＿＿＿

任务 5　手柄的车削加工

学习目标

完成本学习任务后，你应当能：

（1）叙述手柄的结构；

（2）运用 G73 指令进行编程；

（3）选择并修磨加工手柄的刀具；

（4）正确使用外径千分尺、游标卡尺、R 规等量具；

（5）在数控车床上完成手柄零件的加工；

（6）判别所加工零件是否属于合格品；

（7）严格执行 5S 现场管理制度。

学习时间

12 学时

知识结构

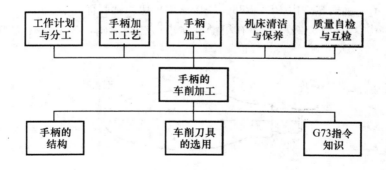

生产任务分析

某公司接到加工一批手柄零件的生产订单，产品数量为 1000，提供的零件图样如图 5-1 所示。

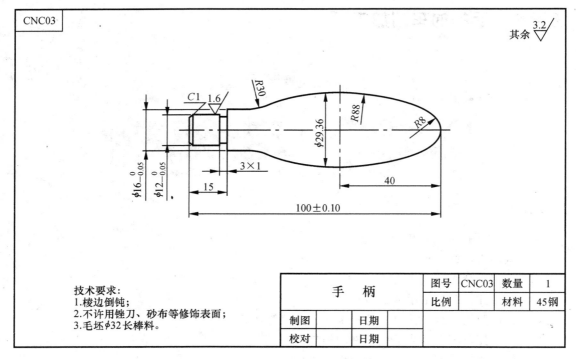

图 5-1 手柄

手柄零件为车床尾座上的零部件，它可以更好地把人手上的力传递给尾座转盘，从而使尾座伸缩更快捷。它属于车床上的通用零件。

一、基础知识

1. 手柄的结构

如图 5-2 所示，手柄零件由 $R8$、$R88$、$R30$ 三个相切　圆弧面　、　　　　　　、　　　　　　、　　　　　　组成。其中，$\phi12$ 外圆柱表面有粗糙度要求。结构清晰，尺寸标注完整，无热处理要求。

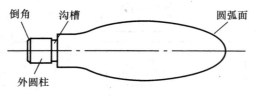

图 5-2 手柄的结构图

2. 车削刀具的选用

常用数控车床车削刀具如表 5-1 所示。

表 5-1　常用数控车床刀具种类及用途

	外圆车刀	端面车刀	切槽车刀	外螺纹车刀	内螺纹车刀	内孔车刀
常用焊接车刀						
常用机夹可转位车刀						
其他	中　心　钻		麻　花　钻		铰　刀	

　　结合以前所学的知识，从表 5-1 中选择加工手柄零件所用刀具，并完善表 5-2 中刀具的相关信息。

表 5-2　刀具选用清单

序号	刀具号	刀具名称及规格	刀片材质	数量	加 工 表 面	备　　注
1	T01	35°外圆尖刀	高速钢	1	外形轮廓	精车刀
2	T02	35°外圆尖刀		1		粗车刀
3	T03	3 mm 切断刀		1		

📖 **小词典**　　　　刀具的切削角度及作用

　　前角 γ：前面与基面之间的夹角，它主要影响切削刃的锋利及切屑变形程度。一般选取范围为 $-5°\sim 25°$，粗加工时前角宜小，精加工时前角宜大。

　　主后角 α：主后面与切削平面的夹角，主后角可改变车刀主后面与工件之间的摩擦情况。其选值只能是正值，一般选取范围为 $3°\sim 12°$，粗加工时选较小值，精加工时选较大值。

　　主偏角 κ：主切削刃在基面上的投影与进给运动方向之间的夹角，它能改变主切削刃与刀头受力及散热情况。通常主偏角的值在 $45°\sim 90°$ 之间选取，刀具刚度高时选小值，刀具刚度低时选大值。

　　副偏角 κ'：副切削刃在基面上的投影与进给运动反方向之间的夹角，它可改变副切削刃与工件已加工表面间的摩擦情况及影响工件的表面粗糙度。一般副偏角取值范围在 $5°\sim 20°$ 之间。

　　刀尖角 ε：主切削刃与副切削刃在基面上的投影之间的夹角，它影响刀尖强度及散热情况。主偏角、副偏角和刀尖角之间的关系为：$\kappa + \kappa' + \varepsilon = 180°$。

　　刃倾角 λ：主切削刃与基面间的夹角，它影响刀尖强度并控制切屑流出的方向。刃倾角 λ 选值范围一般在 $-5°\sim 10°$ 之间，粗加工时常取负值，精加工时常取正值。

3. 封闭轮廓复合循环指令 G73

1）G73 指令

格式：

```
G73 U(Δi)_  W(Δk)_  R(d)_
G73 P(ns)_  Q(nf)_  U(ΔU)_  W(ΔW)_  F_  S_
N(ns)...F_  S_
...
...
N(nf)...
```

说明：

① 第一句 G73 程序指定 X、Z 方向上的加工余量、加工循环次数及粗加工进给速度，其中，d 指定吃刀次数，为直径方向总的加工余量与每次吃刀深度之商；

② 第二句 G73 程序指定了精车轨迹的程序段区间，X、Z 方向上的精加工余量，主轴转速（切削速度），所用刀具的刀具号、刀补号，精加工时此程序中的 F、S 无效；

③ ns～nf 之间指定轮廓精加工程序段，并在程序段中指定了精加工时的进给速度和主轴转速（主轴转速也可在用 G70 之前指定），这些精加工程序段在粗加工时只用来计算粗车轨迹，实际并未执行。

2）刀具路径

通过数控车床仿真软件，在多媒体视频上观察 G73 指令的走刀过程，并查阅 GSK980TD 使用说明书，试说明表 5-3 中刀具路径中各字母的含义。

表 5-3　G73 指令走刀路径

G73 指令走刀路径	填　　空
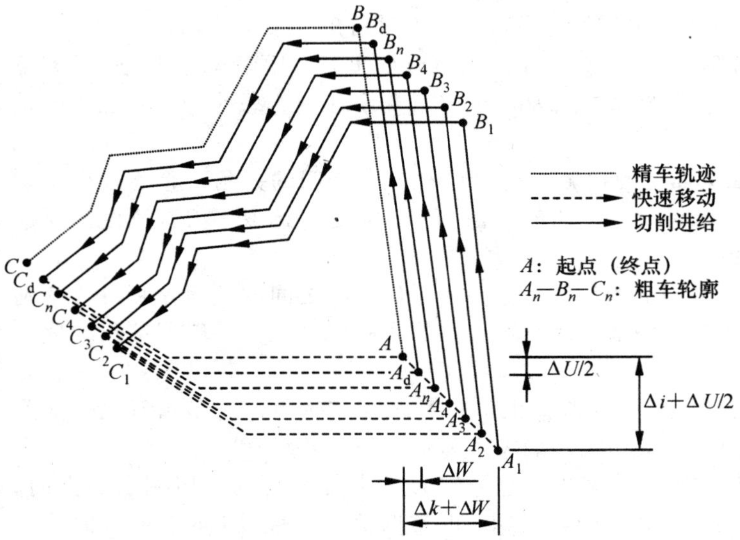 精车轨迹　快速移动　切削进给 A：起点（终点） A_n-B_n-C_n：粗车轮廓	在左边 G73 走刀路径图中： Δi 表示_____； Δk 表示_____； ΔU 表示_____； ΔW 表示_____，编程时建议采用"0"值，防止出错。

二、生产实践

1. 工作计划与分工

本任务采用小组学习法，以机床为单位，每小组 3 人，小组成员之间分工合作，共同完成学习任务。

把任务分解成若干工作任务，制订工作计划，并把相关内容填写到表 5-4 中。

表 5-4　工作计划及分工表

序　号	工 作 任 务	计划用时	实际用时	负 责 人
1	知识准备及程序编辑			小组全体成员
2	备料 $\phi32$ 长棒料			
3	领取并校正量具			
4	领取及刃磨刀具			
5	程序录入及校验			
6	装刀及对刀操作			
7	零件加工及精度控制			
8	质量检测			小组全体成员
9	机床清洁与保养			小组全体成员

2. 讨论加工工艺

小组成员讨论手柄的加工工艺，对图 5-3 中各加工内容进行排序，并填写完善表 5-5 所示手柄加工工艺卡片。

正确的加工顺序为：图（a）→ 图（　）→ 图（　）→ 图（　）。

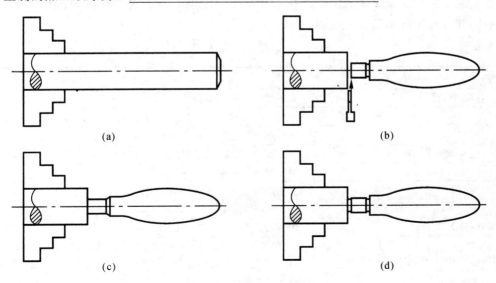

(a)　　　　　　　　　　　(b)

(c)　　　　　　　　　　　(d)

图 5-3　手柄加工示意图

表 5-5　手柄加工工艺卡片

单　位		产品名称或代号	零件名称	加工材料	零件图号	备　注
			手柄	45 钢		
工序号	程序编号	夹具名称	夹具编号	使用数控系统	车间	
1	O5001	三爪自定心卡盘		GSK980TD		
工步号	工步内容	刀具号	主轴转速 / （r/min）	进给量 / （mm/r）	背吃刀量 /mm	
1	夹持毛坯，毛坯伸出卡盘 120 mm，车零件右端面	T02	500	—	—	手动
2	车 φ14 及 φ30-2 工艺锥度	T02	500	0.2	3	自动
3	粗车零件 R8、R88、R30 及 φ16 外圆柱、φ12 外圆柱		500	0.2		自动
4		T01	1200	0.1	0.2	自动
5	车 3×1 退刀槽及 C1 倒角	T03	200		3	自动
6	切断工件			0.1	3	自动
编制		审核		批准		共 1 页

3. 手柄零件加工

1）程序准备、录入及校验

小组成员结合前面所学的知识，参考图 5-1，识读手柄的部分程序语句，并完善表 5-6 中手柄的部分程序语句及程序说明。

表 5-6　手柄的加工程序卡片

顺序号	程 序 语 句	程 序 说 明
	O5001;	程序号（手柄加工程序）
N10	T0202;	调用 02 号外圆粗车刀及 02 号刀补
N20	M03 S500;	主轴正转，粗车转速为 500 r/min
N30	G00 X36 Z0 M08;	加工定位，刀尖快速接近毛坯，坐标点为(36,0)，开冷却液
N40	G01 X0 F100;	端面切削，进给速度为 100 mm/min
N50	G00 X33 Z2;	快速退刀至循环加工起点为（33，2）
N60	G90 X30 Z−103.1 F100;	外圆柱切削循环，切削终点为（30，−103.1），进给速度为 F100
N70	G00 X31 Z0;	快速退刀至（31，0）点
N80	G90 X30 Z−2 R−3 F100;	R8 圆弧的粗切加工——变锥度锥面切削循环，切削终点为（30，−2），锥面起点与终点半径之差为−3 mm，进给速度为 500×0.2＝100 mm/min

顺序号	程 序 语 句	程 序 说 明
	O5001；	程序号（手柄加工程序）
N90		变锥度锥面切削循环，切削终点为（30，−2），起点与终点的半径之差为−6 mm
N100		变锥度锥面切削循环，切削终点为（30，−2），起点与终点的半径之差为−8 mm
N110	G00 X30.4 Z2；	刀具快速移动至循环加工起点为（30.4，2）
N120	G73 U7 W0 R4 F100；	G73 封闭切削循环指令
N130	G73 P140 Q220 U0.4 W0；	G73 封闭切削循环指令
N140	G00 X0；	外形轮廓精加工程序段
N150	G01 Z0 F120；	精加工进给速度为 120 mm/min
N160	G03 X14.667 Z−4.8 R8；	
N170	(G03) X19.397 Z−69.188 R88；	
N180	G02 X15.975 W−9.951 R30；	
N190	G01 Z−85；	
N200	X11.975 Z−88；	
N210	Z−103.1；	
N220	G00 X31；	
N230	G00 X100 Z100 M5；	快速退刀至安全换刀点（100，100），主轴停止转动
N240	M00；	程序暂停
N250	T0101；	调用基准刀具 01 号车刀及 01 号刀补
N260	M3 S1200；	主轴正转，转速 1200 r/min
N270		快速定位到加工起点（32，2）
N280		G70 精加工循环
N290	G00 X100 Z100 M5；	快速退刀至安全换刀点（100，100），主轴停止转动
N300	M00；	程序暂停
N310	T0303；	调用 03 号刀具及 03 号刀补
N320	M3 S200；	主轴正转，转速 200 r/min
N330	G00 Z−88；	刀具沿 Z 轴负方向快速移动到−88 的位置
N340	(G00) X17；	刀具沿 X 轴负方向快速移动到 ϕ17 的位置
N350	G01 X10 F20；	车槽加工，进给速度 F20，终点为（10，−88）
N360	G00 X13；	刀具沿 X 轴正方向快速退到 ϕ13 的位置
N370	Z−103；	刀具沿 Z 轴负方向快速移动到−103 的位置
N380	G01 X10 F20；	刀具以 F20 的进给速度车槽至 ϕ10 的位置
N390	G00 X13；	刀具沿 X 轴正方向快速退到 ϕ13 的位置
N400	(G00) W1；	刀具沿 Z 轴正方向快速移动 1 mm
N410	G01 X12 F20；	刀具沿 X 轴负方向以 F20 的速度移动到 ϕ12 的位置
N420		倒角 C1，刀具切削进给量为 0.1 mm/r
N430		切断工件，进给量为 0.1 mm/r
N440		刀具沿 X 轴正方向快速移动到 100 的位置，关冷却液
N450		刀具沿 Z 轴正方向快速移动到 100 的位置
N460		主轴停止转动
N470		程序结束并返回至程序开头

小提示 零件加工程序编制时应根据具体情况决定某些程序的必要与否，如端面切削程序句（G00 X _ Z0→G01 X0 F _），单件加工时因为手动切削好了端面，可以不用？但在批量生产中必须要有，以免每个零件都要手动切削端面，增加操作者劳动强度，降低了自动化程度和生产效率。

待程序编辑完成后，小组成员把准备好的程序手动录入到机床数控系统，并进行模拟作图，以校验程序。

 知识拓展 **子程序编程**

（1）子程序的调用格式。

格式：

M98 P _ _ _ _ _ _

说明：P 后面最多接八位数字，后四位数字表示子程序号，前四位数字表示子程序调用次数。

（2）应用示例（以手柄为例）。

表 5-7 子程序编程例表

主 程 序	子 程 序
O5002；	O5888；
...	G01 U−6 F180；
G00 X18.4 Z0；	G03 U14.667 W−4.8 R8；
M98 P45888；	G03 U4.73 W−64.388 R88；
...	G02 U−3.397 W−9.951 R30；
	G01 U0 W−5.861；
	U−4 W−3；
	U0 W−12；
	G00 U18；
	W100；
	G01 U−28 F500；
	M99；

（3）子程序编程注意事项。

① 各节点坐标采用（U，Z）混合坐标进行编程，也可采用（U，W）相对编程，但绝不可以采用（X，Z）绝对坐标编程。

② 主程序调用前的 X 轴定位，为轮廓起点坐标与直径方向总余量之和。

③ 子程序中：所有的 U 值之和为每次进刀量，否则子程序执行时将不会自动进刀；所有 W 值之和为零，否则每次进刀所车轮廓将在 Z 方向产生位移。

④ 子程序调用次数为直径方向总的余量与每次进刀量之商。

2）装刀与对刀操作

按照表 5-2 中要求，把各刀具装在相应刀位上，保证刀尖中心高、刀尖伸出刀架长度适中，并装正刀具。

对刀时，采用试切对刀法，以 1 号刀具为基准刀具，其余刀具为非基准刀具进行对刀操作。

3）零件加工与质量控制

加工前，首先单步试车，修正主轴转速倍率、进给倍率、快速倍率等加工参数，然后运行程序自动加工。

在加工过程中，所有小组成员通过防护门观看零件加工过程。负责加工操作的成员，必须在程序暂停的时候，对重要的加工尺寸进行检测，把所测原始数据填写到表 5-8 中，为后续的控制尺寸精度提供参考数据。如果所测原始数据与相应的理论值不同，可通过修正加工刀具对应的刀补值，从而保证零件的尺寸精度。

表 5-8　加工过程重要尺寸检测表　　　　　　　　　　　　　　　　单位：mm

序号	检测尺寸	粗 车 后		第一次精车后		第二次精车后	
		理论值	实测值	理论值	实测值	理论值	实测值
1	$\phi16_{-0.05}^{0}$	$\phi16.375$		$\phi15.975$		$\phi15.975$	
2	$\phi12_{-0.05}^{0}$	$\phi12.375$		$\phi11.975$		$\phi11.975$	
3	100 ± 0.10	100		100		100	

> ⊕ 思考 • • • • • • 　加工程序中，刀具从 $\phi16$ 到 $\phi12$ 的加工利用锥面过渡（G01 X15.975 Z−85 F200→G01 X11.975 Z−88）时，应注意刀具几何角度是否会产生加工干涉现象，假如有干涉现象，应如何解决此问题？

4. 机床清洁与保养

加工完毕后，小组全体成员一起对机床进行清洁与保养工作，小组长在表 5-9 中记录清洁与保养情况。

表 5-9　机床清洁与保养记录单

序　号	内　容	要　求	结 果 记 录
1	刀具	拆卸、整理、归位	
2	量具	清洁、保养、归位	
3	工具	整理、归位	
4	工作台	清洁、保养、回零	
5	导轨	清洁、保养	
6	主轴	清洁、保养	
7	刀架	清洁、保养	
8	机床外观	清洁	
9	电源	切断	
10	切屑	清扫	
11	工作区域	清扫	

三、质量评估与反馈

1. 质量自检与互检

当零件加工完成后，每位小组成员必须对加工零件进行一次全面的检测，把检测结果填写到表 5-10 质量评估表中。然后与小组其他成员的检测结果对比，防止检测时读数错误，或者检测方法有误。最后小组成员一起判别：所加工产品分为合格品、废品，或者可返修品，并在表 5-10 的"最终总评"一项中作出选择。

表 5-10　手柄零件质量评估表

序号	检测尺寸		检测内容	检测结果	是 否 合 格	
1	外圆	$\phi16_{-0.05}^{0}$	IT			
2		$\phi12_{-0.05}^{0}$	IT			
3	长度	100 ± 0.10	IT			
4	圆弧	$R8$、$R30$、$R88$	轮廓			
5	槽	3×1	IT			
6	倒角	$C1$	有/无			
7	物品	按 5S 规范摆放	有/无			
8	安全	着装、规范操作	有/无			
9	最终总评	所有检测尺寸的 IT 都在公差范围，零件完整			合格品	
		有一个或多个检测尺寸的 IT 超出最小极限公差，零件不完整			废品	
		有一个或多个检测尺寸的 IT 超出最大极限公差，零件不完整			可返修品	

2. 汇报学习情况

各小组派代表口头汇报整个学习任务的安排和完成情况，有何建议？

学习建议：

建议人：＿＿＿＿＿＿＿

3. 教师点评（教师口述，学生记录）

教师点评简要记录：

记录人：＿＿＿＿＿＿＿

任务 6　螺栓的车削加工

学习目标

完成本学习任务后，你应当能：

(1) 叙述螺纹在生活中的实际运用及加工方法；

(2) 熟练运用 G32、G92、G76 指令进行编程；

(3) 选择合适的螺纹加工刀具；

(4) 正确使用螺纹环规进行螺纹的检测；

(5) 在数控车床上加工螺纹；

(6) 判别所加工零件是否属于合格品；

(7) 严格执行 5S 现场管理制度。

学习时间

12 学时

内容结构

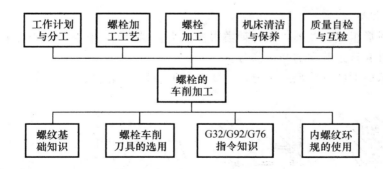

生产任务分析

某公司接到加工一批螺栓零件的生产订单，产品数量为 10 000 件，提供的零件图样如图 6-1 所示。

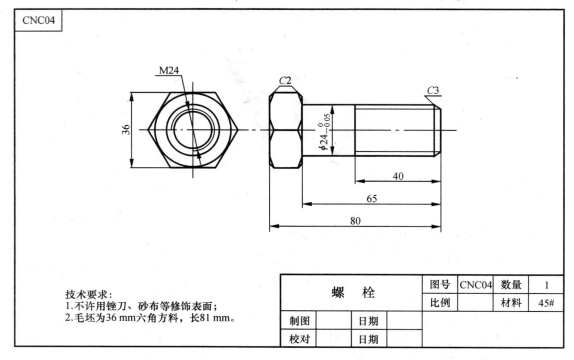

图 6-1　螺栓

螺栓由头部和螺杆（带有外螺纹的圆柱体）两部分组成的一类紧固件，须与螺母配合，通常用于紧固连接两个带有通孔的零件。

一、基础知识

1. 螺纹基础知识

1）螺纹的种类

螺纹是由线形组成的图形，它的种类很多。最直观的就是在圆柱或圆锥母体表面上制出螺旋线形所具有特定截面的凸出部分。

螺纹按其截面形状（牙型）来分，主要有如下四种，请完成图 6-2 中括号内的内容。

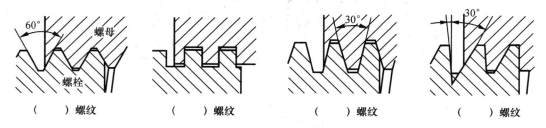

图 6-2　螺纹的种类

小词典　　　　　　　　　　　　　　螺纹的种类

　　三角形螺纹主要用于连接，矩形、梯形和锯齿形螺纹主要用于传动。分布在母体外表面的螺纹称为外螺纹，在母体内表面的称为内螺纹。在圆柱母体上形成的螺纹称为圆柱螺纹，在圆锥母体上形成的螺纹称为圆锥螺纹。螺纹按螺旋线方向分为左旋螺纹和右旋螺纹两种，一般用右旋螺纹。螺纹旋向的判别方法为：将圆柱体直竖，螺旋线左低右高（向右上升）为右旋，反之则为左旋。螺纹又可分为单线螺纹和多线螺纹两种，连接用的多为单线；用于传动时要求进升快或效率高，采用双线或多线，但一般不超过 4 线。

　　2）圆柱普通螺纹的主要参数

　　圆柱普通螺纹结构示意如图 6-3 所示。

　　请查阅相关参考资料，试说明左边图 6-3 中各字母代表的含意，并填写到下面空格中。

　　d 表示_____

　　d_1 表示_____

　　d_2 表示_____

　　P 表示_____

　　L 表示_____

　　λ 表示_____

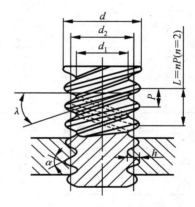

图 6-3　圆柱普通螺纹结构图

 小词典　　　　　　　　　　　　　　螺纹升角 λ

　　螺纹升角小于摩擦角的螺纹副，在轴向力作用下不松转，称为自锁，其传动效率较低。

　　圆柱螺纹中，三角形螺纹自锁性能较好。它分为粗牙型和细牙型两种，一般连接多用粗牙螺纹。细牙的螺距小，升角小，自锁性能更好，常用于细小零件薄壁管中有振动或变载荷的连接，以及微调装置等。

　　3）螺纹相关计算及吃刀量的确定

　　本任务中，M24 为粗牙螺纹，查阅相关资料，可得以下数据。

　　螺距 $P=3$，中径 $d_2=22.051$ mm，小径 $d_1=20.752$ mm，外螺纹的基本偏差 es＝－0.048 mm，大径公差 $T_{d1}=0.375$ mm。

　　螺纹顶径下偏差

$$ei＝es－T_{d1}＝（－0.048－0.375）mm＝－0.423\ mm$$

即外螺纹顶径取值范围为 23.577～23.952 之间，编程时取 $d_{顶}=23.7$ mm。

螺纹牙高 $h \approx 0.65P = 0.65 \times 3$ mm $= 1.95$ mm

螺纹切削推荐切削次数与吃刀量如表 6-1 所示。

表 6-1　螺纹切削次数与吃刀量关系表　　　　　　单位：mm

公 制 螺 纹							
螺　　距	1.0	1.5	2	2.5	3	3.5	4
牙深（半径量）	0.649	0.974	1.299	1.624	1.949	2.273	2.598
切削次数及吃刀量（直径量） 1次	0.7	0.8	0.9	1.0	1.2	1.5	1.5
2次	0.4	0.6	0.6	0.7	0.7	0.7	0.8
3次	0.2	0.4	0.6	0.6	0.6	0.6	0.6
4次		0.16	0.4	0.4	0.4	0.6	0.6
5次			0.1	0.4	0.4	0.4	0.4
6次				0.15	0.4	0.4	0.4
7次					0.2	0.2	0.4
8次						0.15	0.3
9次							0.2

2. 车削刀具的选用

常用数控车床车削刀具如表 6-2 所示。

表 6-2　常用数控车床刀具种类及用途

	外圆车刀	端面车刀	切槽车刀	外螺纹车刀	内螺纹车刀	内孔车刀
常用焊接车刀						
常用机夹可转位车刀						
其他	中 心 钻		麻 花 钻		铰 刀	

结合图 6-1 及螺栓实物图，从表 6-2 中选择加工螺栓零件所用刀具，并完善表 6-3 中

刀具的相关信息。

表 6-3　刀具选用清单

序号	刀具号	刀具名称及规格	材质	数量	加工表面	备　注
1	T01	90°外圆车刀	YT15	1	外圆轮廓	精车刀
2	T02					粗车刀
3	T03	60°外螺纹车刀	YT15			
4	T04	45°端面车刀	高速钢	1	左端 C2 倒角	

 知识链接　　　　　**螺纹加工方法**

（1）螺纹切削。

一般指用成形刀具或磨具在工件上加工螺纹的方法，主要有车削、铣削、攻丝、套丝、磨削、研磨和旋风切削等。车削、铣削和磨削螺纹时，工件每转一转，机床的传动链保证车刀、铣刀或砂轮沿工件轴向准确而均匀地移动一个导程。

（2）螺纹滚压。

用成形滚压模具使工件产生塑性变形以获得螺纹的加工方法。螺纹滚压一般在滚丝机、搓丝机或在附装自动开合螺纹滚压头的自动车床上进行，适用于大批量生产标准紧固件和其他螺纹连接件的外螺纹。滚压一般不能加工内螺纹，但对材质较软的工件可用无槽挤压丝锥冷挤内螺纹（最大直径可达 30 mm），工作原理与攻丝类似。

3. G32、G92、G76 指令格式及刀具路径

1）指令格式及说明

（1）单行程螺纹切削指令 G32。

格式：

　　　　G32 X(U)_ Z(W)_ F(I)_

X、Z：绝对编程时，目标点在工件坐标系中的坐标。

U、W：增量编程时，刀具相对于起点移动的距离。

F：公制螺纹螺距（0.001～500 mm），为主轴转一圈长轴的移动量，F 指令使执行后保持有效，直至再次执行给定螺距的 F 指令。

I：每英寸螺纹的牙数（0.06～2500 牙），为长轴方向 1 英寸长度上的螺纹的牙数。

功能：刀具的运动轨迹是从起点到终点的一条直线，从起点到终点位移量较大的坐标轴称为长轴，另一个坐标轴称为短轴，如图 6-4 所示。运动过程中的主轴每转一圈长轴移动一个螺距，短轴与长轴作直线插补，刀具切削工件时，在工件表面形成一条等螺距的螺旋切槽，实现螺纹的加工。

（2）螺纹切削循环指令 G92。

格式：

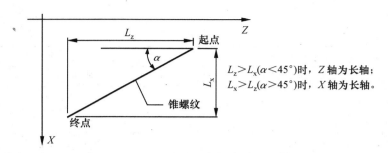

图 6-4　螺纹长短轴判别图示

G92 X(U)＿ Z(W)＿ F(I)＿ （公 (英) 制直螺纹切削循环）

G92 X(U)＿ Z(W)＿ R＿ F(I)＿ （公 (英) 制锥螺纹切削循环）

X、Z：绝对编程时，目标点在工件坐标系中的坐标。

U、W：增量编程时，刀具相对于起点移动的距离。

F：公制螺纹导程。

I：英制螺纹导程。

R：切削终点与起点 X 轴绝对坐标的差值。

功能：G92 为模态指令，指令的起点和终点相同，径向进刀、轴向切削，实现等螺距的直螺纹、锥螺纹切削循环。执行该指令，在螺纹加工结束前有螺纹退尾过程；在距离螺纹切削终点固定长度处，在 Z 轴继续进行螺纹插补的同时，X 轴沿退刀方向指数式加速度退出，Z 轴到达切削终点后，X 轴再以快速移动速度退刀。

G92 指令加工时，短轴方向相对前一次进刀为直进刀方式，如图 6-5 所示。

（3）多重螺纹切削循环指令组 G76 指令。

格式：

G76 P(m)(r)(a)Q(△dmin) R(d)

G76 X(U)＿ Z(W)＿ R(i)＿ P(k)＿ Q(△d)＿ F(I)＿

X、Z：绝对编程时，目标点在工件坐标系中的坐标。

U、W：增量编程时，刀具相对于起点移动的距离。

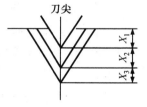

图 6-5　直进刀方式

m：螺纹精车次数 00～99 次，必须输入两位数。指令在执行后保持有效，并把系统参数 No.057 的值修改为 m；未输入 m 值时，以系统参数 No.057 的值作为精车次数。螺纹精车时沿编程轨迹切削，第一次精车切削量为 d，其后的精车切削量为 0，用于消除切削时机械应力造成的欠切，提高螺纹精度和表面质量。

r：螺纹退尾宽度 00～99（单位：0.1×L，L 为螺纹螺距），必须输入两位数。

a：相邻两牙螺纹的夹角。

△dmin：螺纹粗车时的最小切削量，单位为 0.001 mm。

d：螺纹精车的切削量。

i：螺纹锥度，螺纹起点半径与螺纹终点半径绝对坐标的差值。

k：螺纹牙高，即螺纹总切削深度。

△d：第一次螺纹切削深度。

F：公制螺纹导程（0.001～500 mm）。

I：每英寸螺纹的牙数（0.06～25400 牙/英寸）。

功能：通过多次螺纹粗车完成规定牙高的螺纹加工，如果定义的螺纹角度不为 0，螺纹粗车的切入点由螺纹牙顶逐步移至螺纹牙底，使得相邻两牙螺纹的夹角为规定的螺纹角度。G76 指令可加工带螺纹退尾的直螺纹和锥螺纹，实现单侧刀刃螺纹切削，而吃刀量逐渐减少，有利于保护刀具，提高螺纹精度。G76 指令不能加工端面螺纹。

G76 指令执行加工时，短轴方向相对前一次进刀为斜进刀方式，如图 6-6 所示。此指令切削时的背吃刀量分配方式一般为递减式，其切削为单刃切削，背吃刀量由控制系统来计算。

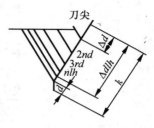

图 6-6　斜进刀方式

2）刀具路径

通过数控车床仿真软件，在多媒体视频上观察 G32、G92、G76 三条螺纹加工指令的走刀过程，并结合前面各指令的功能说明，在表 6-4 中为各指令选择正确的走刀路径。

表 6-4　螺纹切削指令走刀路径

各螺纹切削指令走刀路径	填　空
（a） 螺纹切削 快速移动 A：起点（终点） B：螺纹切深参考点 C：螺纹起点 D：螺纹终点	左图属于 G ＿＿＿＿＿ 指令的走刀路径
（b） 退尾宽度 快速移动 螺纹切削 A：起点（终点） B：切削起点 C：切削终点	左图属于 G ＿＿＿＿＿ 指令的走刀路径

续表

各螺纹切削指令走刀路径	填　空
（c）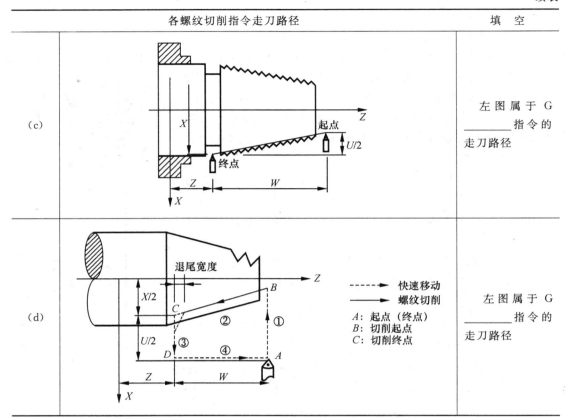	左图属于 G _____ 指令的走刀路径
（d）	左图属于 G _____ 指令的走刀路径

4. 螺纹环规的使用

1）外螺纹环规的结构

外螺纹环规用于测量外螺纹尺寸的正确性，分为通规、止规各一件。止规在外圆柱面上有凹槽，其结构如图 6-7 所示。

图 6-7　外螺纹环规结构

2）使用方法

分别用两个环规往要被检测的外螺纹上拧（顺序随意），会出现以下几种情况。

（1）通规通不过，说明螺纹中径大了，产品不合格。

（2）止规通过，说明中径小了，产品不合格。

（3）通规可以在螺纹的任意位置转动自如，顺畅旋入或旋出；止规拧 1～3 圈（有时可能要多拧一两圈，但螺纹头部没有超出环规端面）就拧不动了，这时说明检测的外螺纹中径正好在"公差带"内，产品合格。

二、生产实践

1. 工作计划与分工

本任务采用小组学习法，以机床为单位，每小组 3 人，小组成员之间分工合作，共同完成学习任务。

把任务分成若干工作任务，制订工作计划，并把相关内容填写到表 6-5 中。

表 6-5　工作计划及分工表

序　号	工　作　任　务	计划用时	实际用时	负　责　人
1	知识准备及程序编辑			小组全体成员
2	备料（长 81 mm）			
3	领取并校正量具			
4	领取及刃磨刀具			
5	程序录入及校验			
6	装刀及对刀操作			
7	零件加工及精度控制			
8	质量检测			小组全体成员
9	机床清洁与保养			小组全体成员

2. 讨论加工工艺

小组成员讨论螺栓的加工工艺，对图 6-8 所示加工内容进行排序，并填写完善表 6-6 所示螺栓加工工艺卡片。

你认为合理的加工顺序为：图（　　）→图（　　）→图（　　）

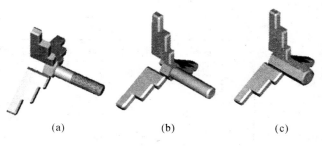

(a)　　　　　　　(b)　　　　　　　(c)

图 6-8　螺栓加工步骤图示

表 6-6　螺栓加工工艺卡片

单　位		产品名称或代号	零件名称	加工材料	零件图号	备　注
			螺栓	45 钢		
工序号	程序编号	夹具名称	夹具编号	使用数控系统	车间	
1	O6001	三爪自定心卡盘		GSK980TD		
工步号	工步内容	刀具号	主轴转速/（r/mm）	进给量/（mm/r）	背吃刀量/mm	
1	车螺栓左端面及左边 C2 倒角	T04	300	—	—	手动
2	毛坯掉头，夹持零件左端六角毛坯，粗车零件右端外螺纹顶径、ϕ24 外圆柱及 C3、C2 倒角	—	1000	0.25		自动
3	精车零件右端外螺纹顶径、ϕ24 外圆柱及 C3、C2 倒角	T01		0.1	0.3	自动
4		T03		3	—	自动
编制		审核		批准		

3. 螺栓零件加工

1）程序准备、录入及校验

小组成员结合前面学习的基础知识，参考图 6-1，识读螺栓加工的程序语句，并且完善表 6-7 中螺栓加工程序的程序语句及程序说明。

表 6-7　螺栓的加工程序卡片

顺序号	程 序 语 句	程 序 说 明
	O6001；	程序号
N1	G00 X100 Z100；	快速定位至坐标系中（100，100）的安全换刀点
N2	T0202 M03 S1000；	调用 02 号外圆粗车刀及 02 号刀补，主轴正转，粗车转速为 1000 r/min
N3	G00 X44 Z2；	加工定位，刀尖快速接近毛坯，坐标点为（44，2）
N4	G90 X39 Z−65 F250；	外圆切削循环第 1 刀，车 3 mm
N5	X36；	外圆切削循环第 2 刀，车 3 mm
N6	X33；	

续表

顺序号	程序语句	程序说明
N7	X30；	
N8		外圆切削循环第 5 刀，车 3 mm
N9	X24.6；	外圆切削循环第 6 刀，车 2.4 mm
N10	G00 X26 Z0；	倒角定位
N11	G90 X24.6 Z−3 R−1.5；	粗车右端 C3 倒角
N12	G00 X44 Z−65；	倒角定位
N13	G90 X42 Z−67 R−1；	粗车右端 C2 倒角
N14	G00 X100 Z100 M05；	
N15	M00；	
N16	T0101 M03 S2000；	
N17	G00 X44 Z2；	精车定位
N18	X17.7；	X 轴定位至 C3 倒角起点
N19	G01 Z0 F200；	Z 轴定位至右端面
N20	X23.7 Z−3；	精车右端 C3 倒角
N21	Z−40；	精车外螺纹大径外圆
N22	X23.975；	定位至 ϕ24 外圆起点
N23	Z−65；	精车 ϕ24 外圆
N24	X37.5；	X 轴定位至 C2 倒角起点
N25	X41.5 Z−67；	精车右端 C2 倒角
N26	G00 X100 Z100 M05；	快速退刀至（100，100）安全点，主轴停止
N27	M00；	程序暂停
N28	T0303 M03 S500；	调用 03 号螺纹车刀及 03 号刀补，主轴正转，螺纹切削转速为 500 r/min
N29	G00 X28 Z5；	螺纹车刀快速定位至螺纹起点（28，5）点
N30	G76 P021060 Q100 R0.2；	螺纹精车次数 2，螺纹退尾距离为 3 mm，牙型角为 60°，螺纹精车切削量 0.2 mm
N31	G76 X20.752 Z−40 P1949 Q600 F3；	螺纹终点坐标为（24，−40），螺纹牙高 1.95 mm，第一次车削深度为 0.6 mm
N32		快速退刀至（100，100）安全点
N33		Z 方向退刀，主轴停止
N34		调回基准刀具 1 号车刀，取消刀补
N35		程序结束

待程序编辑完成后，小组成员把准备好的程序手动录入到机床数控系统，并进行模拟

作图，以校验程序。

2）装刀与对刀操作

按照表 6-2 中刀具卡片的要求，把各刀具装在相应刀位上，保证刀尖中心高、刀尖伸出刀架长度适中，并装正刀具。

对刀时，采用试切对刀法，以 1 号刀具为基准刀具，其余刀具为非基准刀具进行对刀操作。

3）零件加工与质量控制

加工前，首先单步试车，修正主轴转速倍率、进给倍率、快速倍率等加工参数，然后运行程序自动加工。

在加工过程中，所有小组成员通过防护门观看零件加工过程。负责加工操作的成员，必须在程序暂停的时候，对重要尺寸进行检测，并把所测得的原始数据填写到表 6-8 中，为后续的控制尺寸精度提供参考数据。如果所测原始数据与相应的理论值不同，可通过修正加工刀具对应的刀补值，从而保证零件的尺寸精度。

表 6-8　加工过程重要尺寸检测表　　　　　　单位：mm

序号	检测尺寸	粗 车 后		第一次精车后		第二次精车后	
		理论值	实测值	理论值	实测值	理论值	实测值
1	$\phi 24_{-0.05}^{0}$	$\phi 24.575$		$\phi 24.975$		$\phi 24.975$	
2	65	65		65		65	
3	80	80		80		80	

4. 机床清洁与保养

加工完毕后，小组全体成员一起对机床进行清洁与保养工作，小组长在表 6-9 中记录清洁与保养情况。

表 6-9　机床清洁与保养记录单

序 号	内 容	要 求	结 果 记 录
1	刀具	拆卸、整理、归位	
2	量具	清洁、保养、归位	
3	工具	整理、归位	
4	工作台	清洁、保养、回零	
5	导轨	清洁、保养	
6	主轴	清洁、保养	
7	刀架	清洁、保养	
8	机床外观	清洁	
9	电源	切断	
10	切屑	清扫	
11	工作区域	清扫	

三、质量评估与反馈

1. 质量自检与互检

当零件加工完成后，每位小组成员必须对加工零件进行一次全面的检测，把检测结果填写到表 6-10 质量评估表中。然后与小组其他成员的检测结果对比，防止检测时读数错误，或者检测方法有误。最后小组成员一起判别：所加工产品分为合格品、废品或可返修品，并在表 6-10 的"最终总评"一项中作出选择。

表 6-10　螺栓零件质量评估表

序号	检 测 尺 寸		检测内容	检测结果	是 否 合 格	
1	外圆	$\phi 24_{-0.05}^{0}$	IT			
2	长度	80	IT			
3		65	IT			
4		40	IT			
5	螺纹	环规检查	IT			
6	倒角	C2 两处	有/无			
7		C3 一处	有/无			
8	物品	按 5S 规范摆放	有/无			
9	安全	着装、规范操作	有/无			
10	最终总评	所有检测尺寸的 IT 都在公差范围，零件完整			合格品	
		有一个或多个检测尺寸的 IT 超出最小极限公差，零件不完整			废品	
		有一个或多个检测尺寸的 IT 超出最大极限公差，零件不完整			可返修品	

2. 汇报学习情况

各小组派代表口头汇报整个学习任务的安排和完成情况，有何建议？

学习建议：

建议人：＿＿＿＿＿＿

3. 教师点评（教师口述，学生记录）

教师点评简要记录：

记录人：_____

任务 7　渔具线轮的车削加工

学习目标

完成本学习任务后，你应当能：

(1) 叙述渔具线轮的实际运用及结构；

(2) 运用 G00、G01、G72 指令进行编程；

(3) 选择加工渔具线轮的刀具；

(4) 正确使用外径千分尺、游标卡尺等量具；

(5) 加工出渔具线轮零件；

(6) 判别所加工零件是否属于合格品；

(7) 严格执行 5S 现场管理制度。

学习时间

12 学时

知识结构

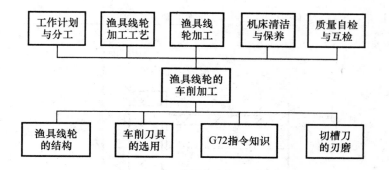

生产任务分析

　　某厂接到生产一批渔具线轮的订单，产品数量为 500 件，要求 1 周内交货，提供的零件图样如图 7-1 所示。

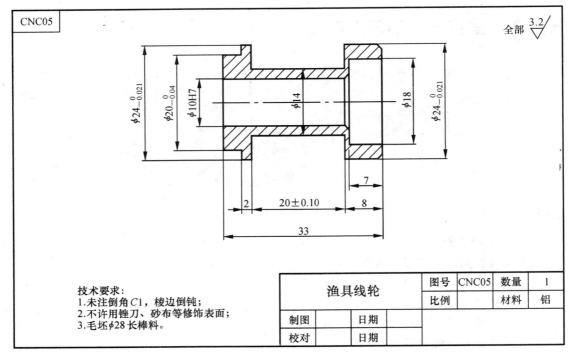

图 7-1 渔具线轮

渔竿是钓鱼爱好者不可缺少的钓鱼工具，渔线更是钓鱼者不可缺少的部分，通常情况渔线装在渔竿上，渔具线轮作用：一是在 $\phi 14 \times 20$ 的宽槽上缠绕渔线；二是整个线轮通过 $\phi 10H7$ 孔用沉头螺杆与渔竿连接，保证线轮与螺杆能灵活转动。

一、基础知识

1. 渔具线轮的结构

如图 7-2 所示，线轮零件由 _____ 、_____ 、_____ 、_____ 、_____ 及 __倒角__ 组成。

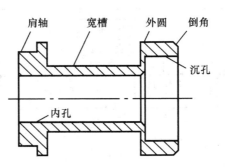

图 7-2 渔具线轮的结构

2. 车削刀具的选用

结合以前所学知识，参考图 7-1 中渔具线轮零件图样，从表 7-1 中选择加工渔具线轮零件所需刀具，并完善表 7-2 中刀具的相关信息。

表 7-1　常用数控车床刀具种类及用途

	外圆车刀	端面车刀	切槽车刀	外螺纹车刀	内螺纹车刀	内孔车刀
常用焊接车刀						
常用机夹可转位车刀						
其他	中心钻		麻花钻		铰刀	

表 7-2　渔具线轮刀具选用清单

序号	刀具号	刀具名称及规格	材质	数量	加工表面	备注
1		中心钻		1		
2		ϕ9.8 麻花钻		1		
3		ϕ10 铰刀				
4	T01	90°外圆车刀	高速钢	1		精车刀
5	T02	90°外圆车刀			粗车 ϕ24 外圆轮廓、倒角	粗车刀
6	T03	3 mm 外圆切槽刀	高速钢		ϕ14×20 宽槽、ϕ20×3 外圆及切断工件	
7	T04	镗孔刀	高速钢	1	镗 ϕ18×7 的孔	

3. 径向粗车复合循环 G72

1）G72 指令格式

格式：

G72 W($\triangle$d)_ R(E)_

G72 P(ns) Q(nf)U($\triangle$U) W($\triangle$W) F(F_1) S(S_1)

N(ns)···S(S_2)

···F(F_2)

N(nf)···

$\triangle$d：Z 方向进刀量

R：每次退刀量

ns：精加工程序段第一段的顺序号

nf：精加工程序段最后一段的顺序号

△U：X 方向精加工余量

△W：Z 方向精加工余量

F_1：粗加工进给速度

F_2：精加工进给速度

S_1：粗加工主轴转速

S_2：精加工主轴转速

 **注意** G72 指令进行编程时，精加工程序段第一段（即 ns）中只能含有 Z 坐标指令，不能包含 X 坐标指令，否则机床将产生报警而无法执行。

2）刀具路径

通过数控车床仿真软件，在多媒体视频上观察 G72 数控加工指令的走刀过程，并完成表 7-3 中的内容。

表 7-3　G72 指令刀具路径表

G72 指令走刀路径	填　空
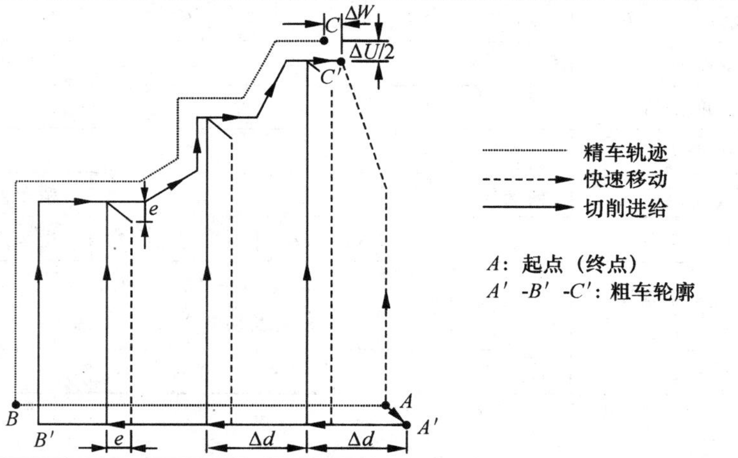 ![G72走刀路径图] 精车轨迹 快速移动 切削进给 A：起点（终点） A'-B'-C'：粗车轮廓	在左图走刀路径中： △d 表示_____ △U 表示_____ △W 表示_____ e 表示_____

 **知识链接**　**径向切槽多重复合循环指令 G75**

G75 指令的指令格式：

```
G75 R(e)
G75 X(U)_ Z(W)_ P(△i)_ Q(△k)_ R(△d)_ F_
```

其走刀路径如表7-4所示。

表7-4　G75指令刀具路径表

G75 走刀路径	说　明
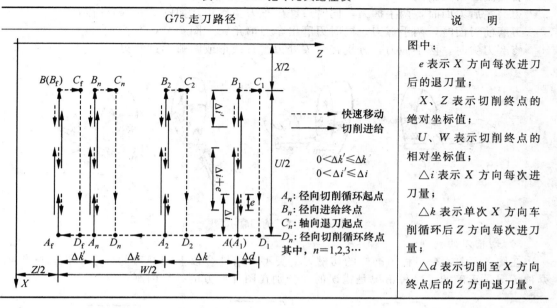	图中： e 表示 X 方向每次进刀后的退刀量； X、Z 表示切削终点的绝对坐标值； U、W 表示切削终点的相对坐标值； △i 表示 X 方向每次进刀量； △k 表示单次 X 方向车削循环后 Z 方向每次进刀量； △d 表示切削至 X 方向终点后的 Z 方向退刀量。

4. 切槽刀的刃磨

渔具线轮的加工质量，很大程序要取决于切槽刀的刃磨质量。

1) 切槽刀的角度

一般高速钢切槽刀的几何参数如图7-3所示。其中，前角 $\gamma_0 = 0° \sim 30°$，主后角 $\alpha_0 = 6° \sim 8°$，副后角 $\alpha'_0 = 1° \sim 2°$，主偏角 $\kappa_r = 90°$，副偏角 $\kappa'_r = 1° \sim 1°30'$，刀头宽度 a（即主切削刃宽度）视具体加工情况而定，刀头刃磨长度大于车削尺寸的半径值2～3 mm，若切槽刀要用于切断工件，则刀头刃磨长度要大于切断工件的半径值2～3 mm。

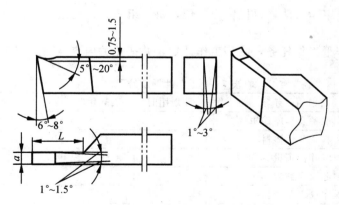

图7-3　高速钢切槽刀的几何参数

2) 刃磨方法

刃磨左侧副后刀面时，两手握刀，车刀前刀面向上，如图7-4（a）所示，同时刃磨出车刀左侧副后角和副偏角。

刃磨右侧副后刀面时，两手握刀，车刀前刀面向上，如图 7-4（b）所示，同时刃磨出车刀右侧副后角和副偏角。

刃磨主后刀面时，两手握刀，同时刃磨出车刀主后角，如图 7-4（c）所示。

刃磨前刀面时，两手握刀，同时刃磨出车刀前角，如图 7-4（d）所示。

修磨刀尖时，两手握刀，分别在刀尖处刃磨直线形或圆弧形过渡刃。

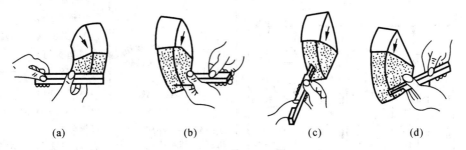

| (a) | (b) | (c) | (d) |

图 7-4　切槽刀的刃磨示意图

3）切槽刀的判别

在图 7-5 中，有三种刃磨好的切槽刀的类型，请结合以上切槽刀的角度知识，试判别哪种情况是正确的，哪种情况是错误的，分别在图片后方的括号内画"√"或"×"。

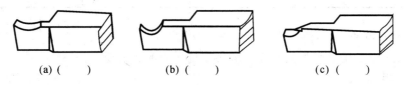

(a) (　　　)　　　　　　(b) (　　　)　　　　　　(c) (　　　)

图 7-5　切槽刀的判别

二、计划与实施

1. 制订工作计划

本任务采用小组学习法，以机床为单位，每小组 3 人，小组成员之间分工合作，共同完成学习任务。

把任务分成若干工作任务，制订工作计划，并把相关内容填写到表 7-5 中。

表 7-5　工作计划及分工表

序号	工 作 任 务	计划用时	实际用时	负 责 人
1	知识准备及程序编辑			小组全体成员
2	备料 φ28 长棒料			
3	领取并校正量具			
4	领取及刃磨刀具			
5	程序录入及校验			
6	装刀及对刀操作			
7	零件加工及精度控制			
8	质量检测			小组全体成员
9	机床清洁与保养			小组全体成员

2. 讨论加工工艺

小组成员讨论渔具线轮的加工工艺，对图 7-6 中各加工内容进行排序，并填写完善表 7-6 所示渔具线轮加工工艺卡片。

正确的加工顺序为：图（a）→图（　）→图（　）→图（　）→图（　）→图（　）

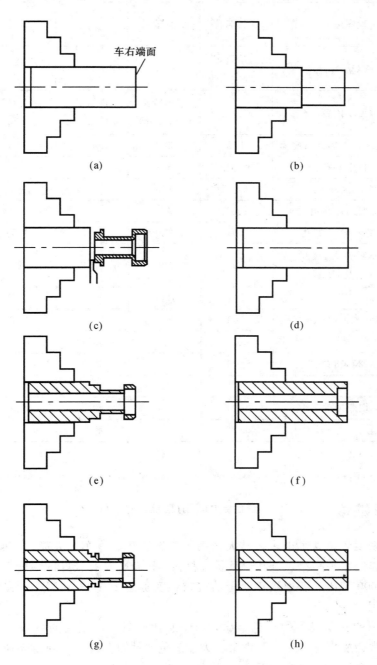

图 7-6　渔具线轮加工示意图

表 7-6　渔具线轮加工工艺卡片

单　　位		产品名称 或代号	零件名称	加工材料	零件图号	
			渔具线轮	45♯		
工序号	程序编号	夹具名称	夹具编号	使用数控 系统	车间	备　注
1	O7001	三爪自定 心卡盘		GSK980TD		
工步号	工步内容	刀具号	主轴转速 /（r/mm）	进给量 /（mm/r）	背吃刀量 /mm	
1	夹持毛坯，车零件右端面	T02	500	—	—	手动
2	打中心孔	中心钻	500	—	—	手动
3	钻 $\phi9.8\times36$ 的孔	麻花钻	200	—	—	手动
4	铰 $\phi10H7$ 内孔	铰刀	50	—	—	手动
5	加工 $\phi18\times7$ 的孔	T04	500	0.2	1.5	自动
6	粗车零件 $\phi24\times36$ 外圆柱及 C1 倒角	T02	500	0.2	2	自动
7		T01	1200	0.1	0.2	自动
8	粗车零件 $\phi14\times20$ 外圆槽	T03	250	0.08	刀宽	自动
9				0.04	刀宽	自动
10	粗车 $\phi20\times3$ 外圆柱	T03	250	0.08		自动
11				0.04		自动
12	切断工件				刀宽	自动
编制		审核		批准		

知识链接　　　铝合金的车削性能

　　铝合金的密度较钢铁小得多，被大量用于制造飞机、汽车、火箭、宇航飞行器，还广泛用于制作门窗、房檐、百叶窗及装饰材料。铝合金具有较好的强度，超硬铝合金的强度可达 600 MPa，普通硬铝合金的抗拉强度也达 200～450 MPa，在机械制造中有广泛的运用。

　　铝合金是一种密度很小的有色金属，由于它比较软，所以它的机械加工性不太好。加工时常常会发现有"粘刀"现象。为了避免"粘刀"现象，获得高质量的表面精度，加工铝合金时一般注意以下几点。

知识链接

（1）锋利刀具材料。尽量选用刃口锋利的刀具材料（如高速钢），可避免加工时零件表面由于挤压而变形，从而降低切削温度。

（2）合理的切削参数。"粘刀"现象一般发生在中速切削时，所以切削时主轴转速应该避免这个转速区间。例如，高速钢刀具车削时转速一般使用 500～700 r/min 即可，而硬质合金刀具则需高速车削，转速在 1200 r/min 以上，同时应该使用较大的进给速度。

（3）合适的刀具角度。要达到高质量的表面精度，除了合理的切削参数外，刀尖角度也有很大的关联。特别是刃磨高速钢刀具时，应该注意刃倾角为正值，前角可稍大，刀尖应倒圆角，且刀尖圆角须光滑。

（4）好的冷却效果。良好的冷却也是避免"粘刀"的重要措施。

3. 渔具线轮零件加工

1）程序准备、录入及校验

小组成员结合前面所学的基础知识，完善表 7-7 中渔具线轮零件加工的程序语句及程序说明。

表 7-7　渔具线轮的加工程序卡片

顺序号	程序语句	程序说明
	O7001；	程序号
N10	G00 X100 Z100；	快速定位至坐标系中（100，100）的安全换刀点
N20	T0404 M03 S500；	调用 04 号镗孔刀及 04 号刀补，主轴正转，镗孔转速为 500 r/min
N30	G00 X10；	加工定位，刀尖快速接近毛坯，坐标点为（10，5）
N40	Z5；	
N50	G90 X13 Z−7 F100；	内孔车削第一刀，车 3 mm
N60	X16；	
N70	X17.8；	
N80	X18 S1200 F120；	精加工 ϕ18 内孔
N90	G00 Z100；	
N100	X100；	
N110	T0202 M03 S500；	调用 02 号外圆粗车刀及 02 号刀补，主轴正转，粗车转速为 500 r/min
N120	G00 X30 Z3；	加工定位，刀尖快速接近毛坯，坐标点为（30，3）
N130	G71 U2 R0.5；	
N140	G71 P150 Q180 U0.4 W0 F160；	外圆粗车复合循环语句

续表

顺序号	程序语句	程序说明
N150	G00 X22；	外圆精加工程序段
N160	G01 Z0 F120；	
N170	X24 Z－1；	
N180	Z－37；	
N190		快速退刀至（100，100）安全点，主轴停转
N200		程序暂停
N210		调用 01 号外圆精车刀及 01 号刀补，主轴正转，精车转速为 1200 r/min
N220		快速定位至（30，3）点，刀尖接近工件
N230		精加工循环
N240		快速退刀至（100，100）安全点，主轴停转
N250		程序暂停
N260	T0303 M03 S250；	调用 03 号切槽刀及 03 号刀补，主轴正转，粗车转速为 250 r/min
N270	G00 X28 Z－28；	快速定位至（28，－28）点，刀具左刀尖接近工件
N280	G01 X14.2 F20；	
N290	G00 X28；	快速退刀至（28，－28）点
N300	G72 W2.5 R0；	径向车削复合循环语句
N310	G72 P320 Q340 U0.2 W0 F20；	
N320	G00 Z－11；	径向车槽精加工程序段
N330	G01 X14 F12；	
N340	Z－28	
N350	G00 X100 Z100 M05；	快速退刀至（100，100）安全点，主轴停止
N360	M00；	程序暂停
N370	T0303 M03 S300；	
N380	G00 X28 Z－28；	
N390	G70 P320 Q340；	
N400	G00 X100 Z100 M05；	
N410	M00；	
N420	T0303 M03 S250；	
N430	G00 X28 Z－33；	
N440	G01 X20.2 F20；	粗车 $\phi 20 \times 3$ 外圆，以 F20 的速度进给切削至（20，－33）点
N450	G00 X100；	X 方向先快速退刀至 X100 处
N460	Z100 M05；	Z 方向退刀至（100，100）点，主轴停止

续表

顺序号	程序语句	程序说明
N470	M00;	程序暂停
N480	T0303 M03 S300;	
N490	G00 X28 Z−33;	
N500	G01 X20 F12;	精车ϕ20×3外圆，以F20的速度进给切削至（20，−33）点
N510	G00 X100;	X方向先快速退刀至X100处
N520	Z100 M05;	Z方向退刀至（100，100）点，主轴停止
N530	M00;	程序暂停
N540	T0303 M03 S250;	
N550	G00 X32 Z−36;	
N560	G01 X0 F20;	
N570	G00 X100;	
N580	Z100;	
N590	M30;	

待程序编辑完成后，小组成员把准备好的程序手动录入到机床数控系统，并进行模拟作图，以校验程序。

2）装刀与对刀操作

按照表 7-2 中的要求，把各刀具装在相应刀位上，保证刀尖中心高、刀尖伸出刀架长度适中，并装正刀具。

对刀时，采用试切对刀法，以 1 号刀具为基准刀具，其余刀具为非基准刀具进行对刀操作。

3）零件加工与质量控制

加工前，首先单步试车，修正主轴转速倍率、进给倍率、快速倍率等加工参数，然后运行程序自动加工。

在加工过程中，所在小组成员通过防护门观看零件加工过程。负责加工操作的成员，必须在程序暂停的时候，对重要的加工尺寸进行检测，把所测原始数据填写到表 7-8 中，为后续的控制尺寸精度提供参考数据。如果所测原始数据与相应的理论值不同，可通过修正加工刀具对应的刀补值，从而保证零件的尺寸精度。

表 7-8 加工过程重要尺寸检测表

序号	检测尺寸	粗车后		精车后	
		理论值	实测值	理论值	实测值
1	$\phi24_{-0.021}^{0}$	ϕ24.39		ϕ24	
2	$\phi20_{-0.04}^{0}$	ϕ20.38		ϕ20	
3	ϕ14	ϕ14.2		ϕ14	
4	20±0.10	20		20	

4. 机床清洁与保养

加工完毕后，小组全体成员一起对机床进行清洁与保养工作，小组长在表 7-9 中记录清洁与保养情况。

表 7-9　机床清洁与保养记录单

序　号	内　容	要　　求	结 果 记 录
1	刀具	拆卸、整理、归位	
2	量具	清洁、保养、归位	
3	工具	整理、归位	
4	工作台	清洁、保养 、回零	
5	导轨	清洁、保养	
6	主轴	清洁、保养	
7	刀架	清洁、保养	
8	机床外观	清洁	
9	电源	切断	
10	切屑	清扫	
11	工作区域	清扫	

三、质量评估与反馈

1. 质量自检与互检

当零件加工完成后，每位小组成员必须对已加工零件进行一次全面的检测，把检测结果填写到表 7-10 质量评估表中。然后与小组其他成员的检测结果对比，防止检测时读数错误，或者检测方法有误。最后小组成员一起判别：所加工产品分为合格品、废品或可返修品，并在表 7-10 的"最终总评"一项中作出选择。

表 7-10　渔具线轮质量评估表 　　　　　单位：mm

序号	检 测 尺 寸		检测内容	检测结果	是 否 合 格
1	外圆	$\phi 24_{-0.021}^{0}$	IT		
2		$\phi 20_{-0.04}^{0}$	IT		
3		$\phi 14$	IT		
4	内孔	$\phi 10H7$	IT		
5	长度	20 ± 0.10	IT		
6		2	IT		
7	槽	$\phi 14\times 20$	IT		
8	倒角	C1	有/无		
9	物品	按 5S 规范摆放	有/无		

续表

序号	检测尺寸		检测内容	检测结果	是 否 合 格	
10	安全	着装、规范操作	有/无			
11	最终总评	所有检测尺寸的 IT 都在公差范围，零件完整			合格品	
		有一个或多个检测尺寸的 IT 超出最小极限公差，零件不完整			废品	
		有一个或多个检测尺寸的 IT 超出最大极限公差，零件不完整			可返修品	

2. 汇报学习情况

各小组派代表口头汇报整个学习任务的安排和完成情况，有何建议？

学习建议：

建议人：_____

3. 教师点评（教师口述，学生记录）

教师点评简要记录：

记录人：_____

任务 8　套筒的车削加工

学习目标

完成本学习任务后，你应当能：

（1）能正确制订较复杂套筒零件的加工工艺方案；

（2）掌握套筒零件的编程方法与技巧；

（3）能合理选择具有孔类特征零件的切削刀具；

（4）能在数控车床上正确安装镗孔刀具及其对刀操作方法；

（5）能正确使用内径百分表进行内径尺寸的测量方法；

（6）能对所完成的零件进行评价及超差原因分析；

（7）严格执行 5S 现场管理制度。

学习时间

12 学时

知识结构

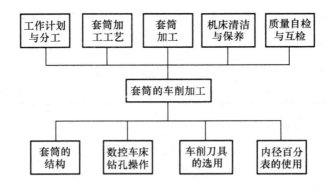

生产任务分析

某机械部件中有一套筒零件，零件图样如图 8-1 所示，该套筒零件选用 45♯钢进行加工，毛坯选用 φ35×45 的圆钢。生产类型为单件小批量生产。

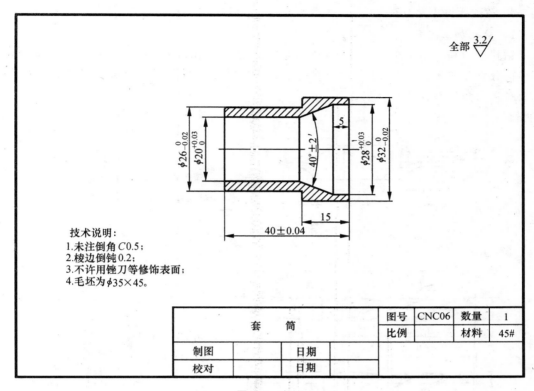

图 8-1　套筒

技术说明：
1. 未注倒角 C0.5；
2. 棱边倒钝 0.2；
3. 不许用锉刀等修饰表面；
4. 毛坯为 φ35×45。

	套　筒		图号	CNC06	数量	1
			比例		材料	45#
制图		日期				
校对		日期				

套类零件是机械结构中最常见的零件，也是车削加工中经常遇到的零件类型之一。如图 8-1 所示，套筒零件属于典型的套类零件，一般由外圆、内孔、端面和台阶等组成，很多零件如齿轮、轴套、带轮等，不仅有外圆柱面，而且还有内圆柱面。

根据所给零件图样，请严格按照机械产品加工操作规程制订套筒零件的加工工艺方案，在数控车床上完成套筒零件的加工，并对加工成品进行质量检测。

一、基础知识

1. 套筒的结构

如图 8-2 所示，套筒零件由_____、_____、_____及__倒角__等四部分组成。

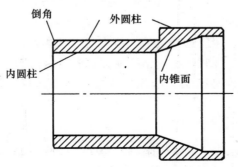

图 8-2　套筒的结构

2. 数控车床上钻孔操作

1）钻孔加工刀具

钻孔是指利用钻头在实心材料上加工孔的工艺。钻孔常用的刀具有中心钻和麻花钻，其结构分别如图 8-3 和图 8-4 所示。麻花钻又分为锥柄麻花钻和直柄麻花钻两类。常用的钻头材料为高速钢、硬质合金。

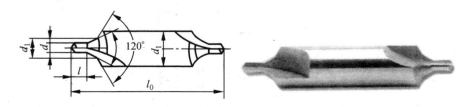

图 8-3　B 类中心钻结构

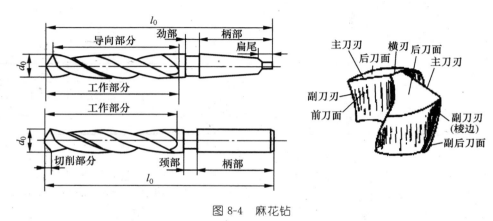

图 8-4　麻花钻

2）钻孔注意事项

（1）钻孔前，应先用中心钻打定位孔，如中心孔标示 B3/8，采用 $\phi 3$ 的 B 类中心钻，中心孔锥面大径为 8 mm。

（2）起钻时进给量要小，待钻头切削部分全部进入工件后，才能加大进给量进行钻削。

（3）钻钢件时，应增加冷却液，防止因钻头发热而烧伤。

（4）钻小孔或钻较深孔时，由于铁屑不易排出，必须经常退出排屑，否则会因铁屑堵塞而使钻头"咬死"或折断。

（5）钻小孔时，主轴转速应选择快些，钻头的直径越大，进给量应相应变慢。

（6）当钻头将要钻通工件时，由于钻头横刃首先钻出，因此轴向阻力大减，这时进给速度必须减慢，否则钻头容易被工件卡死，造成锥柄在床尾套筒内打滑而损坏锥柄和锥孔。

3. 切削刀具的选用

结合以前所学知识，从表 8-1 中选择加工套筒零件所用的刀具，并完善表 8-2 中刀具的相关信息。

表 8-1　常用数控车床刀具种类及用途

	外圆车刀	端面车刀	切槽车刀	外螺纹车刀	内螺纹车刀	内孔车刀
常用焊接车刀						
常用机夹可转位车刀						
其他	中 心 钻		麻 花 钻		铰 刀	

表 8-2　刀具选用清单　　　　　　　　　　　　　　单位：mm

序号	刀具号	刀具名称及规格	材质	数量	加 工 表 面	备　注
1	尾座	$\phi2.5$ 中心钻	高速钢	1		
2	尾座	$\phi18$ 麻花钻	高速钢	1		
3	T01	90°外圆车刀	YT15	1	外圆轮廓	粗车刀
4	T02			1	外圆轮廓	精车刀
5	T03	内孔车刀	YT15	1		

📖 **小提示**　　　　　　　　**内孔切削刀具的安装**

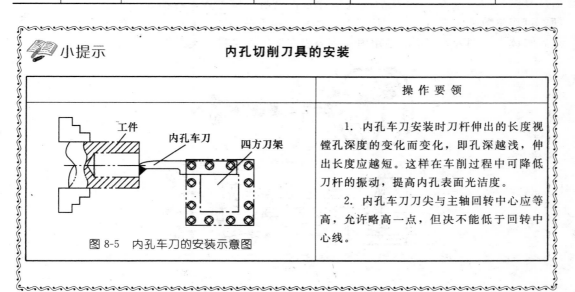

	操 作 要 领
图 8-5　内孔车刀的安装示意图	1. 内孔车刀安装时刀杆伸出的长度视镗孔深度的变化而变化，即孔深越浅，伸出长度应越短。这样在车削过程中可降低刀杆的振动，提高内孔表面光洁度。 2. 内孔车刀刀尖与主轴回转中心应等高，允许略高一点，但决不能低于回转中心线。

4. 内径百分表的认识与使用

1）内径百分表的结构

内径百分表是测内孔的一种常用量具，其分度值为 0.01 mm ，测量范围一般为 6～10 mm、10～18 mm、18～35 mm、35～50 mm、50～160 mm、160～250 mm 等，其结构如图 8-6 所示。

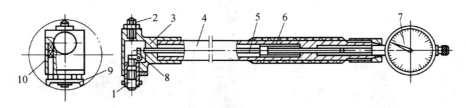

图 8-6　内径百分表结构

1—活动测量头；2—可换测头；3—支轴 4—长接杆；5—推动传动杆；
6—弹簧；7—百分表头；8—杠杆；9—定位装置；10—定位护桥

2）内径百分表的工作原理

如图 8-6 所示，百分表头 7 的测量杆与传动杆始终接触，弹簧 6 控制测量力，并经传动杆 5、扛杆 8 向外侧顶靠在活动测量头 1 上，测量时，活动测量头 1 的移动使杠杆绕其固定轴旋转，推动传动杆 5 至百分表头 7 的测量杆，使百分指针偏转显示工作值，为使内径百分表的测量轴线通过被测孔的圆心，内径百分表没有定位装置 9，以保证测量的准确性。

3）内径百分表的使用

利用内径百分表测量工件时，把百分表头 7 插入量表直管轴孔中，压缩百分表一圈并紧固，选取并安装好可换测头 2。测量时手握隔热装置，利用已知尺寸的环规或平行平面（千分尺）调整零位，以孔轴向的最小尺寸或平面间任意方向内均最小的尺寸对零位，然后反复测量同一位置 2～3 次后检查指针是否仍与零位对齐；若不齐，则重调。为读数方便，可用整数来定零位位置。测量时，摆动内径百分表，找到轴向平面的最小尺寸（转折点）来读数。图 8-7 所示的是用内径百分表在车床上测量套类零件的情况。

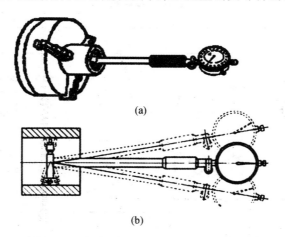

(a)

(b)

图 8-7　内径百分表在车床上测量套类零件

小提示　　　测杆、测头、百分表等配套使用时，不要与其他表混用。

二、生产实践

1. 工作计划与分工

本任务采用小组学习法，以机床为单位，每小组 3 人，小组成员之间分工合作，共同完成学习任务。把任务分成若干工作任务进行分工，制订工作计划，并把相关内容填写到表 8-3 中。

表 8-3　工作计划及分工表　　　　　　　　　　　　　单位：mm

序号	工 作 任 务	计划用时	实际用时	负 责 人
1	知识准备及程序编辑			小组全体成员
2	备料 $\phi35 \times 45$			
3	领取并校正量具			
4	领取及刃磨刀具			
5	程序录入及校验			
6	装刀及对刀操作			
7	零件加工及精度控制			
8	质量检测			小组全体成员
9	机床清洁与保养			小组全体成员

2. 讨论加工工艺

小组成员讨论套筒的加工工艺，对图 8-8 中各加工内容进行排序，并填写完善表 8-4 所示套筒加工工艺卡片。

正确的加工顺序为：图（a）→图（　）→图（　）→图（　）→图（　）→图（　）。

表 8-4　套筒加工工艺卡片

单　位		产品名称或代号	零件名称	加工材料	零件图号	备　注
			套筒	45#		
工序号	程序编号	夹具名称	夹具编号	使用数控系统	车间	
1	8001	三爪自定心卡盘		GSK980TD		
工步号	工步内容	刀具号	主轴转速/（r/min）	进给量/（mm/r）	背吃刀量/mm	
1	夹持毛坯外圆，平端面，打中心孔	T01	1000	—	—	手动
2	钻孔 ϕ18，钻通	尾座	400	—	—	手动
3	粗车零件右端 ϕ32，长度尺寸 15，径向留精加工余量 0.5	T01	1500	0.25	2	自动
4	精车零件右端 ϕ32，长度尺寸 15 及 0.5×45°的倒角应保证尺寸精度	T02	2000	0.15	0.25	自动
5	加工内孔，保证尺寸精度	T03	1200	0.12	1	自动
工序号	程序编号	夹具名称	夹具编号	使用数控系统	车间	备　注
2	8002	三爪自定心卡盘		GSK980TD		
工步号	工步内容	刀具号	主轴转速/（r/min）	进给量/（mm/r）	背吃刀量/mm	
1	调头夹持 ϕ32 外圆，手动车削保证零件总长 40 mm 尺寸	T02	800	—	—	手动
2	粗车零件左端外圆 ϕ26，长度尺寸 25，径向留精加工余量 0.5	T01	1500	0.25	1.5	自动
3	精车零件左端外圆 ϕ26，长度尺寸 25，及 0.5×45°。保证尺寸精度	T02	2000	0.15	0.25	自动
编制		审核		批准		

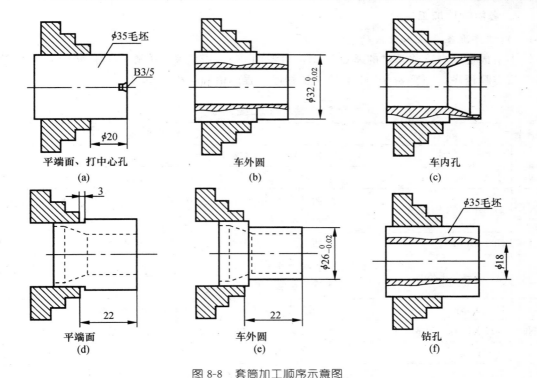

图 8-8　套筒加工顺序示意图

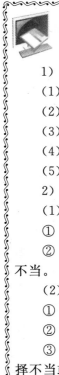

知识链接

1）套类零件的特点

（1）零件的主要表面为同轴度要求较高的内、外回转表面。

（2）零件壁较薄、易变形。

（3）长度一般大于直径。

（4）当用作旋转轴轴颈的支承时，在工作中承受径向力和轴向力。

（5）用于油缸或缸套时主要起导向作用。

2）车内孔时的质量分析

（1）尺寸精度达不到要求。

① 孔径大于要求尺寸：原因可能是镗孔刀安装不正确，刀尖不锋利。

② 孔径小于要求尺寸：原因可能是刀杆细造成"让刀"现象，塞规磨损或选择不当。

（2）几何精度达不到要求。

① 内孔成多边形：原因可能是工件壁薄在装夹时变形引起的。

② 内孔有锥度：原因可能是切削量过大或刀杆太细造成"让刀"现象引起的。

③ 表面粗糙度达不到要求：原因可能是刀刃不锋利、角度不正确、切削用量选择不当或冷却液不充分引起的。

3. 套筒零件加工

1）程序准备、录入及校验

小组成员结合以前学过的基础知识，参考图 8-1，识读套筒右端的程序语句，并且参考套筒右端程序，完善表 8-5 中套筒左端程序的程序语句及程序说明。

表 8-5　套筒的加工程序卡片

顺序号	程 序 语 句	程 序 说 明
	O8001；	程序号（套筒右端程序）
N1	G00 X100 Z100；	快速定位至坐标系中（100，100）的安全换刀点
N2	T0101 M03 S1500；	调用 01 号外圆粗车刀及 01 号刀补，主轴正转，粗车转速为 1500 r/min
N3	G00 X33 Z3；	加工定位，刀尖快速接近毛坯，坐标点为（33，3）
N4	G01 Z−15 F250；	直线插补至（33，−15）点，单边留 0.5 的精加工余量，粗车进给速度 250 mm/min
N5	G01 X36；	进给退刀至（36，−15）点，退出毛坯外径
N6	G00 X100 Z100 M05；	快速退刀至（100，100）安全点，主轴停转
N7	M00；	程序暂停
N8	T0202 M03 S2000；	调用 02 号外圆精车刀及 02 号刀补，主轴正转，精车转速为 2000 r/min
N9	G00 X27 Z2；	快速定位至（27，2）点，让刀尖移置到 Z2 截面与倒角线的交点上，准备倒角
N10	G01 X32 Z−0.5；	加工 0.5×45°倒角
N11	G01 Z−15；	直线插补切削外圆，切削终点为（32，−15）
N12	G01 X36；	进给退刀至（36，−15）点，退出毛坯外径
N13	G00 X100 Z100 M05；	快速退刀至（100，100）安全点，主轴停转
N14	M00；	程序暂停
N15	T0303 M03 S1200；	调用 03 号内孔车刀及 03 号刀补，主轴正转，主轴转速为 1200 r/min
N16	G00 X17 Z2；	快速定位至（17，2）点，准备内孔切削循环
N17	G71 U1 R0.5；	循环切削，每次切深 1 mm，退刀 0.5 mm。对 N19 至 N25 程序段进行循环切削，X 方向的精加工余量为 0.5，Z 方向的余量为 0.1，粗加工进给速度为 200 mm/min
N18	G71 P19 Q25 U−0.5 W0.1 F200；	
N19	G00 X29；	快速定位至（29，2），准备切削 0.5×45°的倒角
N20	G01 Z0 F170；	进给切削至（29，0），精加工进给速度为 170 mm/min
N21	G01 X28 Z−0.5；	加工 0.5×45°倒角

续表

顺序号	程序语句	程序说明
N22	G01 Z−5；	直线插补切削内孔，切削终点为（28，−5）
N23	G01 X20 Z−15.99；	直线插补切削锥孔，切削终点为（20，−15.99）
N24	G01 Z−46；	直线插补切削内孔，切削终点为（20，−46），刀尖切出孔口 1 mm
N25	G00 X17；	快速退刀至（17，−46）
N26	G70 P19 Q25；	调用 N19 至 N25 程序段进行精加工轮廓
N27	G00 X100 Z100 M05；	快速退刀至（100，100）点，主轴停转
N28	T0100；	调回基准刀具 1 号车刀，取消刀补
N29	M30；	程序结束
	O8002；	程序号（套筒左端程序）
N1	G00 X100 Z100；	快速定位至坐标系中（100，100）的安全换刀点
N2	T0101 M03 S1500；	调用 01 号外圆粗车刀及 01 号刀补，主轴正转，粗车转速为 1500 r/min
N3	G00 X36 Z2；	快速定位至（36，2）点，准备外圆切削循环
N4	G71 U1 R0.5；	循环切削，每次切深 1 mm，退刀 0.5 mm。对 N6 至 N10 程
N5	G71 P6 Q10 U−0.5 W0.1 F200；	序段进行循环切削，X 方向的精加工余量为 0.5，Z 方向的余量为 0.1，粗加工进给速度为 200 mm/min
N6	G00 X21；	快速定位至（21，2），准备切削 0.5×45°的倒角
N7	G01 Z0 F170；	进给切削至（29，0），精加工进给速度 170 mm/min
N8	G01 X26 Z−0.5；	加工 0.5×45°倒角
N9	G01 Z−25；	直线插补切削内孔，切削终点为（26，−25）
N10	G01 X36；	退刀至（17，−46）
N11	G00 X100 Z100 M05；	退刀至（100，100）点，主轴停止
N12	M00；	程序暂停
N13	T0202 M03 S1200；	调用 02 号外圆精车刀及 02 号刀补，主轴正转，精车转速为 2000 r/min
N14	G00 X26 Z2；	快速定位至（26，2）点，准备外圆切削循环
N15	G70 P19 Q25；	调用 N6 至 N10 程序段进行精加工
N16	G00 X100；	X 方向先快速退刀至 100 点
N17	Z100 M05；	Z 方向退刀至 100 点，主轴停止
N18	T0100；	调回基准刀具 1 号车刀，取消刀补
N19	M30；	程序结束

　　程序编辑完成后，小组成员把准备好的程序手动录入到机床数控系统，并进行模拟作图，请参照任务 3 中的模拟作图小提示，以校验程序。

> **小提示**　　数控车削内孔的指令与外圆车削指令基本相同，但也有区别，编程时应注意以下方面：
>
> 　　（1）粗车循环指令 G71、G73，在加工外径时，余量 U 为正，但在加工内轮廓时，余量 U 应为负；
>
> 　　（2）若精车循环指令 G70 采用半径补偿加工，以刀具从右向左进给为例。在加工外径时，半径补偿指令用 G42，刀具方位编号是"3"。在加工内轮廓时，半径补偿指令用 G41，刀具方位编号是"2"；
>
> 　　（3）加工内孔轮廓时，切削循环的起点 S、切出点 Q 的位置选择要慎重，要保证刀具在狭小的内结构中移动而不干涉工件。起点 S、切出点 Q 的 X 值一般取与预加工孔直径稍小一点的值。

2）装刀与对刀操作

按照表 8-2 中要求，把各刀具装在相应刀位上，保证刀尖中心高、刀尖伸出刀架长度适中，并装正刀具。

对刀时，采用试切对刀法，以 1 号刀具为基准刀具，其余刀具为非基准刀具进行对刀操作。

3）零件加工与质量控制

加工前，首先单步试车，修正主轴转速倍率、进给倍率、快速倍率等加工参数，然后运行程序自动加工。

在加工过程中，所有小组成员通过防护门观看零件加工过程。负责加工操作的成员，必须在程序暂停的时候，对重要的加工尺寸进行检测，把所测原始数据填写到表 8-6 中，为后续的控制尺寸精度提供参考数据。如果所测原始数据与相应的理论值不同，可通过修正加工刀具对应的刀补值，从而保证零件的尺寸精度。

表 8-6　加工过程重要尺寸检测表　　　　　　　　　　单位：mm

序　号	检测尺寸	粗　车　后		精　车　后	
		理论值	实测值	理论值	实测值
1	$\phi 32_{-0.02}^{0}$	$\phi 32.49$		$\phi 31.99$	
2	$\phi 26_{-0.02}^{0}$	$\phi 26.49$		$\phi 27.99$	
3	$\phi 28_{0}^{+0.03}$	$\phi 28.515$		$\phi 28.015$	
4	$\phi 20_{0}^{+0.03}$	$\phi 19.515$		$\phi 20.015$	
5	40 ± 0.04	40		40	

知识链接　半精加工消除丝杆间隙影响保证尺寸精度

对于大部分数控车床来说，使用较长时间后，由于丝杆间隙的影响，加工出的工件尺寸经常出现不稳定的现象。这时，我们可在粗加工之后，进行一次半精加工消除丝杆间隙的影响。如用 1 号刀 G71 粗加工外圆之后，可在 001 刀补处输入 U0.3，调用 G70 精车一次，停车测量后，再在 001 刀补处输入 U−0.3，再次调用 G70 精车一次。经过半精车后，消除了丝杆间隙的影响，保证了尺寸精度的稳定。

4. 机床清洁与保养

加工完毕后，小组全体成员一起对机床进行清洁与保养工作，小组长在表 8-7 中记录清洁与保养情况。

表 8-7　机床清洁与保养记录单

序　号	内　容	要　　求	结 果 记 录
1	刀具	拆卸、整理、归位	
2	量具	清洁、保养、归位	
3	工具	整理、归位	
4	工作台	清洁、保养 、回零	
5	导轨	清洁、保养	
6	主轴	清洁、保养	
7	刀架	清洁、保养	
8	机床外观	清洁	
9	电源	切断	
10	切屑	清扫	
11	工作区域	清扫	

知识链接　　　　**数控车床维护保养要点**

1）数控系统的维护

（1）严格遵守操作规程和日常维护制度。

（2）应尽量少开数控柜和强电柜的门。

（3）定时清扫数控柜的散热通风系统。

（4）数控系统的输入/输出装置的定期维护。

（5）直流电动机电刷的定期检查和更换。

（6）定期更换存储用电池。

2）机械部件的维护

（1）定期调整主轴驱动带的松紧程度，防止因驱动带打滑造成的丢转现象；检查主轴润滑油箱，及时补充油量，并清洗过滤器。

（2）定期检查、调整丝杠螺纹副的轴向间隙，保证反向传动精度和轴向刚度；定期检查丝杠与床身的连接是否松动，丝杠防护装置有损坏要及时更换，以防灰尘或切屑进入。

（3）经常检查刀架的回零位置是否正确，特别是各行程开关和电磁阀能否正常动作，发现不正常应及时处理。

3）机床精度的维护

定期进行机床水平和机械精度检查并校正。机械精度的校正方法有软、硬两种。软方法主要是通过系统参数补偿，如丝杠反向间隙补偿、各坐标定位精度定点补偿、机床回参考点位置校正等；硬方法一般要在机床大修时进行，如进行导轨修刮、滚珠丝杠螺母副预紧调整反向间隙等。

三、质量评估与反馈

1. 质量自检与互检

当零件加工完成后，每位小组成员必须对加工零件进行一次全面的检测，把检测结果填写到表 8-8 质量评估表中。然后与小组其他成员的检测结果对比，防止检测时读数错误或检测方法有误。最后小组成员一起判别：所加工产品分为合格品、废品或可返修品，并在表 8-8 的"最终总评"一项中作出选择。

表 8-8　套筒零件质量评估表　　　　　　　　　　　单位：mm

序号	检测尺寸		检测内容	检测结果	是否合格
1	外圆	$\phi32_{-0.02}^{0}$	IT		
2		$\phi26_{-0.02}^{0}$	IT		
3	内孔	$\phi28_{0}^{+0.03}$	IT		
4		$\phi20_{0}^{+0.03}$	IT		
5	锥度	$40°\pm2'$	IT		
6	长度	15	IT		
7		40 ± 0.04	IT		
8	倒角	$0.5\times45°$ 两处	有/无		

续表

序号	检 测 尺 寸		检 测 内 容	检 测 结 果	是 否 合 格	
9	物品	按 5S 规范摆放	有/无			
10	安全	着装、规范操作	有/无			
11	最终总评	所有检测尺寸的 IT 都在公差范围，零件完整。			合格品	
		有一个或多个检测尺寸的 IT 超出最小极限公差，零件不完整。			废品	
		有一个或多个检测尺寸的 IT 超出最大极限公差，零件不完整。			可返修品	

2. 汇报学习情况

各小组派代表口头汇报整个学习任务的安排和完成情况，有何建议？

学习建议：

建议人：_____

3. 教师点评（教师口述，学生记录）

教师点评简要记录：

记录人：_____

任务 9　螺母的车削加工

学习目标

完成本学习任务后，你应当能：

（1）叙述螺母的实际运用及结构；

（2）选择加工螺母的车削刀具；

（3）运用螺纹切削指令进行编程；

（4）掌握螺母质量的检测方法；

（5）加工出螺母零件；

（6）判别所加工零件是否属于合格品；

（7）严格执行 5S 现场管理制度。

学习时间

6 学时

知识结构

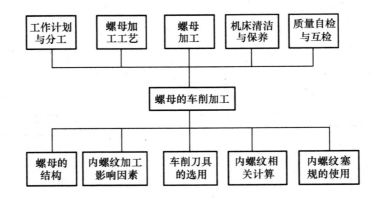

生产任务分析

某公司接到一生产螺母的任务单，订单数量为 1000 件，材料为 45 钢，无热处理要求。螺母的零件图样如图 9-1 所示。

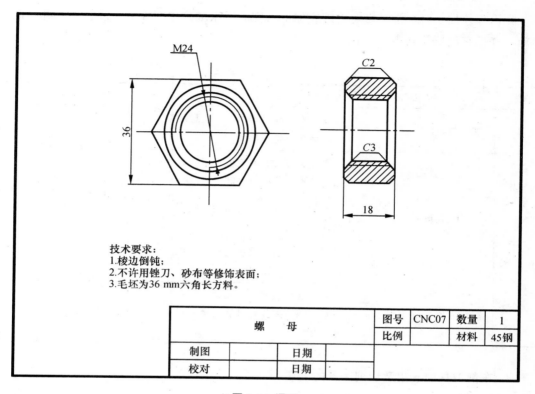

技术要求:
1.棱边倒钝;
2.不许用锉刀、砂布等修饰表面;
3.毛坯为36 mm六角长方料。

螺　　母		图号	CNC07	数量	1
		比例		材料	45钢
制图		日期			
校对		日期			

图 9-1　螺母

在机构的实际运用中,螺母与螺栓、螺钉配合使用,起连接紧固机件作用。当六角螺母较厚时,多用于需要经常装拆的场合;当六角薄螺母较薄时,则用于被连接机件的表面空间受限制的场合。

一、基础知识

1. 螺母的结构组成

如图 9-2 所示,螺母由＿＿＿＿＿、＿＿＿＿＿、＿＿＿＿＿等三部分组成。

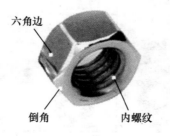

图 9-2　螺母的结构

2. 内螺纹加工的影响因素

在内螺纹加工时，常见影响内螺纹加工精度的因素如表 9-1 所示。请思考有哪些改善措施，并把它们填写到表 9-1 中。

表 9-1 影响内螺纹加工精度的因素

序号	影 响 因 素	说　　明	改 善 措 施
1	加工材料的硬度、材质	硬度越高则越难加工，但材质过软会导致易变形	
2	加工刀具的材料	高速钢刀具有硬度低、不耐高温的特点，但刃口锋利	
3	加工刀具的安装位置	刀尖中心高且主偏角会影响螺纹牙型角度	
4	加工刀具的刀尖角度	刀尖角度会直接影响螺纹牙型角度	
5	加工时的切削温度	切削温度过高，会使螺纹牙型变形，热胀冷缩后会影响螺纹尺寸及牙型角度	

3. 车削刀具的选用及切削用量的确定

结合所学知识，从表 9-2 中选择加工内锥体零件所用刀具，并完善表 9-3 中的相关信息。

表 9-2 常用数控车床刀具种类及用途

	外圆车刀	端面车刀	切槽车刀	外螺纹车刀	内螺纹车刀	内 孔 车 刀
常用焊接车刀						
常用机夹可转位车刀						
其他	中 心 钻		麻 花 钻			铰　刀

表 9-3　刀具选用清单

序号	刀具号	刀具名称及规格	材质	数量	加 工 表 面	备　注
1	尾座	$\phi 3$ 中心钻	高速钢	1	打定位孔	
2	尾座	$\phi 19$ 麻花钻	高速钢	1		
3	T01	镗孔车刀	YT15	1	内螺纹底孔	
4	T02	内螺纹车刀	YT15	1		
5	T03	4 mm 切断刀	YT15	1		
6	T04	45°外圆端面车刀	高速钢	1	C2 外圆倒角	
7	T04	45°内孔倒角车刀			C3 内孔倒角	

4. 内螺纹的相关计算

本任务中，M24 内螺纹为粗牙螺纹，查阅相关资料，可得：

$$螺距 P=3 \text{ mm}，大径 D=24 \text{ mm}$$

根据小径公式 $D_1=D-1.08P$，可计算出：

$$D_1=（24-1.08×3）\text{ mm}=20.76 \text{ mm}$$

5. 内螺纹塞规的使用

1）内螺纹塞规的结构

螺纹塞规是测量内螺纹尺寸的正确性的工具。此塞规可分为普通粗牙、细牙和管子螺纹三种。螺距为 0.35 mm 或更小的，2 级精度及高于 2 级精度的螺纹塞规，和螺距为 0.8 mm 或更小的 3 级精度的螺纹塞规都没有止端测头。100 mm 以下的螺纹塞规为锥柄螺纹塞规，100 mm 以上的为双柄螺纹塞规，螺纹塞规的结构如图 9-3 所示。

通端　　　　　　　手柄　　　　　　　止端

图 9-3　内螺纹塞规的结构

2）检测方法

螺纹量规通端模拟被测螺纹的最大实体牙型，检验被测螺纹的作用中径是否超过其最大实体牙型的中径，并同时检验底径实际尺寸是否超过其最大实体尺寸。

测量时，如果被测螺纹能够与螺纹塞规通端旋合通过，且与螺纹塞规止端不完全旋合通过（螺纹止规只允许与被测螺纹两段旋合，旋合量不得超过两个螺距），就表明被测螺纹的作用中径没有超过其最大实体牙型的中径，且单一中径没有超出其最小实体牙型的中径，那么就可以保证旋合性和连接强度，则被测螺纹中径合格。

小词典   **螺纹的种类及标记如表 9-4 所示。**

表 9-4 螺纹种类及标记

螺 纹 种 类			特征代号	牙型角	标 记 示 例
普通螺纹		粗牙	M	60°	M16LH-6g-L
		细牙			M16×1-6H7H
管螺纹		55°非密封管螺纹	G	55°	G1A
	55°密封管螺纹	圆锥内螺纹	R_c		
		圆柱内螺纹	R_p		
		与圆柱内螺纹配合的圆锥外螺纹	R1	55°	$R_c 1/2-LH$
		与圆锥内螺纹配合的圆锥外螺纹	R2		
	60°密封管螺纹	圆锥管螺纹（内外）	NPT	60°	NPT3/4-LH
		与圆锥外螺纹配合的圆柱内螺纹	NPSC	60°	NPSC3/4
	米制锥螺纹（管螺纹）		ZM	60°	ZM14-S
梯形螺纹			Tr	30°	Tr36×12（P6）-7H
锯齿形螺纹			B	30°	B40×7-7A
矩形螺纹				0°	矩形 40×8

二、生产实践

1. 工作计划与分工

本任务采用小组学习法，以机床为单位，每小组 3 人，小组成员之间分工合作，共同完成任务。

把任务分成若干工作任务，制订工作计划，并把相关内容填写到表 9-5 中。

表 9-5 工作计划及分工表

序 号	工 作 任 务	计划用时	实际用时	负 责 人
1	知识准备及程序编辑			小组全体成员
2	备料 36 mm 六方长料			
3	领取并校正量具			
4	领取及刃磨刀具			
5	程序录入及校验			
6	装刀及对刀操作			
7	零件加工及精度控制			
8	质量检测			小组全体成员
9	机床清洁与保养			小组全体成员

2. 讨论加工工艺

请小组成员讨论螺母的加工工艺，并对图9-4中各加工内容进行正确的排序，最后填写完善表9-6所示的螺母加工工艺卡片。

最合理的加工顺序为：图（a）→图（　）→图（　）→图（　）。

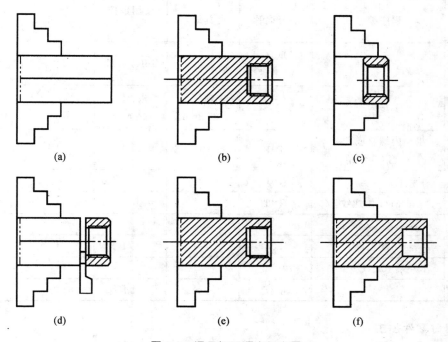

图9-4　螺母加工顺序示意图

表9-6　螺母加工工艺卡片

单　位		产品名称或代号	零件名称	加工材料	零件图号	备　注
			螺母	45 钢		
工序号	程序编号	夹具名称	夹具编号	使用数控系统	车间	备　注
1	6001	三爪自定心卡盘		GSK980TD		
工步号	工步内容	刀具号	主轴转速/（r/min）	进给量/（mm/r）	背吃刀量/mm	
1	夹持毛坯，车零件左端面，打中心孔	—	800	—		手动
2	钻 ϕ19 mm 内孔，孔深 20 mm	—	300	—		手动

续表

单　位		产品名称 或代号	零件名称	加工材料	零件图号	备　注
			螺母	45 钢		
工序号	程序编号	夹具名称	夹具编号	使用数控 系统	车间	
1	6001	三爪自定 心卡盘		GSK980TD		
工步号	工步内容	刀具号	主轴转速 /（r/min）	进给量 /（mm/r）	背吃刀量 /mm	
3	粗车内螺纹底孔及 右端 C3 倒角	T01	800	0.2	1	自动
4		T01			0.2	自动
5	车 M24 内螺纹	T02	600	—	—	自动
6	车右端 C2 倒角	T04	800	—	—	手动
7	切断工件	T03	500	0.1	4	自动
8	车左端 C3、C2 倒角			—	—	手动
编制		审核		批准		

3. 螺母零件加工

1）程序准备、录入及校验

小组成员结合知识准备及外螺纹加工的知识，参考图 9-1，识读螺母的部分程序语句，并且完善表 9-7 中未完成的程序语句及程序说明。

表 9-7　螺母的加工程序卡片

顺序号	程序语句	程序说明
	O9001；	加工程序名
N10	T0101；	调用 01 号镗孔刀具及 1 号刀补
N20	M03 S800；	内轮廓粗车，转速 800 r/min
N30	G00 X18；	定位至加工起点
N40	Z3；	
N50	G71 U1 R0.2；	G71 粗车复合循环指令
N60	G71 P80 Q150 U—0.6 W0 F160；	
N70	G00 X24.76 S1200；	内轮廓精加工程序段
N80	G01 Z0 F120；	
N90	X20.76 Z—2；	
N100	Z—20；	
N110	X18；	

续表

顺序号	程序语句	程序说明
	O9001；	加工程序名
N120	G00 Z100；	退刀，主轴停
N130	X100 M05；	
N140	M00；	程序暂停
N150	T0101；	调用 01 号镗孔刀具及 01 号刀补
N160	M03 S1200；	
N170	G00 X18；	
N180	Z3；	
N190	G70 P80 Q150；	
N200	G00 Z100；	
N210	X100 M05；	
N220	M00；	
N230	T0202；	调用 02 号内螺纹刀具及 02 号刀补
N240	M03 S500；	内螺纹，转速为 500 r/min
N250	G00 X20；	定位至 4×2 退刀槽上方
N260	Z5；	内螺纹车削定位
N270	G76 P020060 Q800 R0.15；	M24 内螺纹车削复合循环
N280	G76 X24 Z−19 P1620 Q50 F3；	
N290	G00 Z100；	
N300	X100 M05；	
N310	M00；	
N320	T0303；	调用 03 号切槽刀具及 03 号刀补
N330		切断转速为 500 r/min
N340		定位至切断点上方（42，−22）
N350		切断工件
N360		X 轴退刀至 X100 处
N370		Z 轴退刀至 Z100 处
N380		程序结束

待程序编辑完成后，小组成员把准备好的程序手动录入到机床数控系统，并进行模拟作图，以校验程序。

2）装刀与对刀操作

按照表 9-3 中要求，把各刀具装在相应刀位上，保证刀尖中心高、刀尖伸出刀架长度适中，并装正刀具。

对刀时，采用试切对刀法，以-1 号刀具为基准刀具，其余刀具为非基准刀具进行对刀操作。

3）零件加工与质量控制

加工前，首先单步试车，修正主轴转速倍率、进给倍率、快速倍率等加工参数，然后运行程序自动加工。

在加工过程中，所有小组成员通过防护门观看零件加工过程。负责加工操作的成员，必须在程序暂停的时候，对重要的加工尺寸进行检测，把所测原始数据填写到表 9-8 中，为后续的尺寸精度控制提供参考数据。如果所测原始数据与相应的理论值不同，可通过修正加工刀具对应的刀补值，从而保证零件的尺寸精度。

当内螺纹加工完毕后，程序暂停时，应该调用 04 号端面车刀，手动车削螺母右端 C2 倒角，然后才能进行后续的切断工作。最后，待零件切断后，把螺母零件调头装夹，调用 04 号端面车刀，进行螺母左端 C2 及 C3 倒角。

表 9-8　加工过程重要尺寸检测表　　　　　　　　　　　单位：mm

序号	检测尺寸	粗车后		第一次精车后		第二次精车后	
		理论值	实测值	理论值	实测值	理论值	实测值
1	$\phi20.76$	$\phi20.16$		$\phi20.76$		$\phi20.76$	
2	18	18		18		18	

4. 机床清洁与保养

加工完毕后，小组全体成员一起对机床进行清洁与保养工作，小组长在表 9-9 中记录清洁与保养情况。

表 9-9　机床清洁与保养记录单

序　号	内　容	要　求	结　果　记　录
1	刀具	拆卸、整理、归位	
2	量具	清洁、保养、归位	
3	工具	整理、归位	
4	工作台	清洁、保养、回零	
5	导轨	清洁、保养	
6	主轴	清洁、保养	
7	刀架	清洁、保养	
8	机床外观	清洁	
9	电源	切断	
10	切屑	清扫	
11	工作区域	清扫	

三、质量评估与反馈

1. 质量自检与互检

当零件加工完成后，每位小组成员必须对加工零件进行一次全面的检测，把检测结果填写到表 9-10 质量评估表中。然后与小组其他成员的检测结果对比，防止检测时读数错误或检测方法有误。最后小组成员一起判别：所加工产品分为合格品、废品或可返修品，并在表 9-10 的"最终总评"一项中作出选择。

表 9-10　螺母的质量评估表

序号	检 测 尺 寸		检测内容	检测结果	是 否 合 格	
1	内螺纹	M24	IT			
2	长度	18	IT			
3	倒角	C2 两处	IT			
4		C3 两处	IT			
5	物品	按 5S 规范摆放	有/无			
6	安全	着装、规范操作	有/无			
7	最终总评	所有检测尺寸的 IT 都在公差范围，零件完整。			合格品	
		有一个或多个检测尺寸的 IT 超出最小极限公差，零件不完整。			废品	
		有一个或多个检测尺寸的 IT 超出最大极限公差，零件不完整。			可返修品	

2. 汇报学习情况

各小组派代表口头汇报整个学习任务的安排和完成情况，有何建议？

学习建议：

建议人：＿＿＿＿＿＿＿

3. 教师点评（教师口述，学生记录）

教师点评简要记录：

记录人：＿＿＿＿＿＿＿

任务 10　内锥体的车削加工

学习目标

完成本学习任务后，你应当能：

（1）叙述内锥体的实际运用及结构；

（2）运用指令进行综合编程；

（3）选择加工内锥体的刀具；

（4）掌握套类零件的测量方法；

（5）加工出内锥体零件；

（6）判别所加工零件是否属于合格品；

（7）严格执行 5S 现场管理制度。

学习时间

12 学时

知识结构

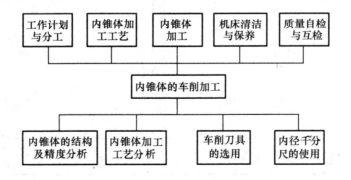

生产任务分析

进入数控车床实训车间，分析内锥体的工艺过程，并在数控车床上完成车削加工的内容。在整个学习过程中，你需要选择并刃磨加工刀具、编制切实有效的加工程序，在数控车床上执行零件的加工操作，控制零件的加工精度，并严格执行 5S 现场管理操作规程。

内锥体的零件图样如图 10-1 所示。

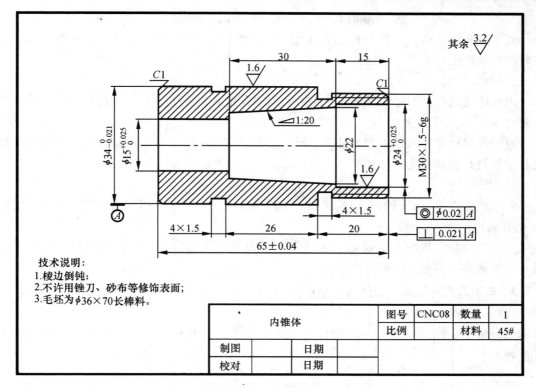

图 10-1　内锥体

一、基础知识

1. 内锥体的结构

如图 10-2 所示，内锥体零件由 _____、_____、_____、_____、_____ 及倒角等组成。

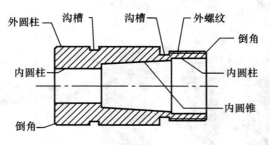

图 10-2　内锥体的结构组成

2. 内锥体零件精度分析

1）尺寸精度

内锥体难以保证的尺寸精度有：外圆尺寸 $\phi34_{-0.021}^{0}$，长度尺寸 65 ± 0.04，内孔尺寸两

处 $\phi15_0^{+0.025}$、$\phi24_0^{+0.025}$，以及螺纹精度 M30×1.5—6g。

对于尺寸精度要求，主要通过在加工过程中的准确对刀，正确设置刀补及磨耗，以及正确制订加工工艺等措施来保证。

2）形位精度

内锥体难以保证的形位精度有 $\phi24$ 内孔的轴线相对于基准 A 的同轴度精度，以及右端面相对基准 A 的垂直度精度。

对于形位精度要求，主要通过调整机床的机械精度，制订合理的加工工艺及工件的装夹、定位与找正等措施来保证。

3）表面精度

内锥体零件要求较高的表面精度有 $\phi34$ 外圆表面，以及 $\phi24$ 内孔表面的表面粗糙度值为 $R_a1.6$。

对于表面精度要求，主要通过选用合适的刀具及其几个参数，正确的粗、精加工路线，合理的切削用量及冷却等措施来保证。

3. 车削刀具的选用及切削用量的确定

1）车削刀具的选用

结合所学知识，从表 10-1 中选择加工内锥体零件所用刀具，并完善表 10-2 中刀具卡片的相关信息。

表 10-1　常用数控车床刀具种类及用途

	外圆车刀	端面车刀	切槽车刀	外螺纹车刀	内螺纹车刀	内孔车刀
常用焊接车刀						
常用机夹可转位车刀						
其他	中心钻		麻花钻		铰刀	

表 10-2 刀具选用清单

序号	刀具号	刀具名称及规格	材质	数量	加工表面	备注
1	尾座	φ3 中心钻	高速钢	1	打定位孔	
2	尾座	φ14 麻花钻	高速钢	1		
3	T01	90°外圆车刀	YT15	1	外圆轮廓	
4	T02	4 mm 外圆切槽刀	高速钢	1		
5	T03		YT15	1	M30×1.5—6g 外螺纹	
6	T04	镗孔车刀	YT15	1	内圆柱及内圆锥	

2）切削用量的确定

结合实际加工经验、工件的加工精度、表面质量、工件的材料性质和刀具的种类及刀具的形状、刀柄的刚性等诸多因素，确定切削用量。

（1）主轴转速（n）。在用硬质合金刀具切削钢件时，切削速度 v 取 80～120 mm/min，根据公式及加工经验，并根据实际情况，本任务粗加工主轴转速在 600～1000 r/min 范围内选取；精加工在 1000～2000 r/min 范围内选取。

（2）进给速度（F）。在粗加工时，为提高生产效率并保证工件质量的前提下，可选择较高的进给速度，一般取 100～200 mm/min。当进行切槽、切断、车孔加工或采用高速钢车刀进行加工时，应选用较低的进给速度，一般在 50～100 mm/min 范围内选取。

精加工的进给速度一般为粗加工进给速度的一半。

（3）切削深度（a_p）。切削深度根据机床与刀具的刚性及加工精度来确定，粗加工时一般取 2～5 mm（直径量），精加工的切削深度等于精车余量，一般减去 0.2～0.5 mm（直径量）。

4. 内测千分尺的使用

内测千分尺的测量范围为 5～30 mm、25～50 mm 等，其分度值为 0.01 mm，如图 10-3 所示。

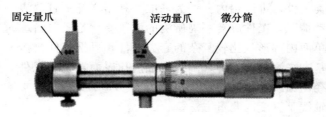

图 10-3 内测千分尺

这种千分尺刻线方向与外径千分尺相反，当微分筒顺时针旋转时，活动量爪向右移动，测量值增大，固定量爪和活动量爪即可测量出工件的孔径尺寸。内测千分尺的读数方法与外径千分尺的相似。内测千分尺的使用如图 10-4 所示。

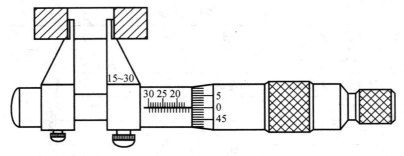

图 10-4　内测千分尺的使用

 知识拓展　　　　　　**套类工件的测量**

1）套类工件的测量项目

套类工件的测量项目主要包括孔径的测量、形状精度的测量和位置精度的测量。

2）套类工件的常用测量量具

孔径的测量可用游标卡尺、内卡钳、塞规、内测千分尺、内径千分尺、三爪内径千分尺和内径千分表来测量；测量孔径的量具都可以测量工件的形状精度；位置精度的测量常用百分表和千分表测量。

3）套类工件形位精度的测量

（1）形状精度的测量。

在车床上加工的圆柱孔，一般仅测量孔的圆度和圆柱度（通过测量孔的锥度）两项形状误差。当孔的圆度要求不是很高时，在生产现场可用内径千分表（或百分表）在孔圆周的各个方向上去测量，测量结果的最大值与最小值之差的一半即为圆度误差。

在生产现场，一般用内径千分表（或百分表）来测量孔的圆柱度，只要在孔的全长上取前、中、后几点，比较其测量值，其最大值与最小值之差的一半即为孔全长的圆柱度误差。

（2）径向圆跳动的测量方法。

对于一般套类工件，可以用内孔作为基准，利用杠杆式百分表来测量外圆，观察百分表指针的跳动情况，工件旋转一周所测的读数差就是径向圆跳动误差。

对于外形简单而内部形状比较复杂的套类工件，可把工件放在 V 形架上并轴向定位，以外圆作为基准来测量，使测杆圆头接触内孔表面，转动工件一周，百分表的读数差就是工件的径向圆跳动误差。

（3）端面对轴线垂直度的测量方法。

测量端面垂直度时，首先要测量端面圆跳动是否合格，如果符合要求，再用第二种方法测量端面的垂直度。对于精度要求较低的工件可用刀口形直尺做透光检查；如果必须测出垂直度误差值，可把工件装在 V 形架的小锥度心轴上，并放在精度很高的平板上检查端面的垂直度，检查时先找正心轴的垂直度，然后将杠杆式百分表从端面的最里一点向外拉出，百分表的读数差就是端面对内孔轴线的垂直度误差。

二、生产实践

1. 工作计划与分工

本任务采用小组学习法，以机床为单位，每小组 3 人，小组成员之间分工合作，共同完成任务。

把任务分成若干工作任务，制订工作计划，并把相关内容填写到表 10-3 中。

表 10-3　工作计划及分工表

序号	工 作 任 务	计划用时	实际用时	负 责 人
1	知识准备及程序编辑			小组全体成员
2	备料 φ36×70			
3	领取并校正量具			
4	领取及刃磨刀具			
5	程序录入及校验			
6	装刀及对刀操作			
7	零件加工及精度控制			
8	质量检测			小组全体成员
9	机床清洁与保养			小组全体成员

2. 讨论加工工艺

本课题采用两次装夹后完成粗、精加工的加工方案，先加工左端内、外形，再调头加工另一端，如图 10-5 所示。

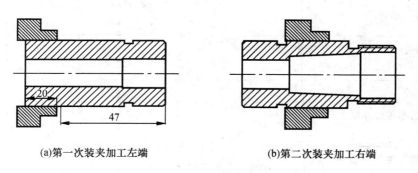

(a)第一次装夹加工左端　　　　　　　(b)第二次装夹加工右端

图 10-5　加工方案图

加工工件两端时，均采用三爪自定心卡盘进行定位与装夹。装夹时的夹紧力要适中，既要防止工件变形与夹伤，又要防止工件在加工过程中产生松动。工件装夹过程中，应对工件进行找正，以保证工件轴线与主轴轴线同轴。

请小组成员讨论内锥体的加工工艺，并对图 10-6 中各加工内容进行筛选、排序，最后填写完善表 10-4 所示内锥体加工工艺卡片。

最合理的加工顺序为：图（　）→ 图（　）→ 图（　）→ 图（d）

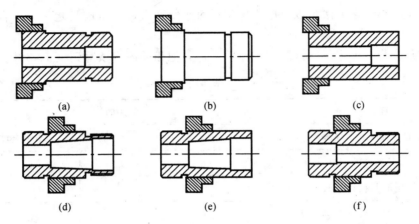

图 10-6　内锥体加工示意图

表 10-4　内锥体加工工艺卡片

单　位		产品名称或代号	零件名称	加工材料	零件图号	
			内锥体	45#		
工序号	程序编号	夹具名称	夹具编号	使用数控系统	车间	备　注
1	1001	三爪自定心卡盘		GSK980TD		
工步号	工步内容	刀具号	主轴转速/（r/min）	进给量/（mm/r）	背吃刀量/mm	
1	夹持毛坯，车零件左端面，打中心孔	—	800	—	—	手动
2	钻 $\phi13$ 通孔	—	600	—	6.5	手动
3	粗车零件左端 $\phi15^{+0.025}_{0}$ 内圆柱	T04	600	0.2	1	自动
4	精车零件左端 $\phi15^{+0.025}_{0}$ 内圆柱	T04	1200	0.1	0.2	自动
5	粗车零件左端 $\phi34$ 外圆柱，长 46 mm，留余量 0.4 mm	T01	1000	0.25	1.5	自动

单　位		产品名称或代号	零件名称	加工材料	零件图号	
			内锥体	45#		
工序号	程序编号	夹具名称	夹具编号	使用数控系统	车间	备注
1	1001	三爪自定心卡盘		GSK980TD		
工步号	工步内容	刀具号	主轴转速/（r/min）	进给量/mm/r	背吃刀量/mm	
6	精车零件左端 ϕ34 外圆柱，保证尺寸 $\phi 34_{-0.021}^{0}$，并倒角 C1	T01	2000	0.1	0.2	自动
7	车削 4×1.5 沟槽	T02	250	0.01	4	自动
工序号	程序编号	夹具名称	夹具编号	使用数控系统	车间	备注
2	1002	三爪自定心卡盘		GSK980TD		
工步号	工步内容	刀具号	主轴转速/（r/min）	进给量/（mm/r）	背吃刀量/mm	
1	调头夹持 ϕ34 外圆、找正，手动车削保证零件总长 65 mm 尺寸	—	800	—	—	手动
2	粗车零件右端 ϕ24 内圆柱及内圆锥	T04		0.2	1	自动
3		T04	1200		0.2	自动
4	粗车零件右端 ϕ34 及 ϕ30 外圆柱			0.25	1.5	自动
5		T01	2000			自动
6	车削 4×1.5 沟槽	T02	300	0.01	4	自动
7	粗、精车 M30 螺纹	T03	700	—	—	自动
编制		审核		批准		

知识链接　　　　　制订加工方案的原则

制订加工方案的一般原则有以下几点。

（1）先粗后精：粗加工要求短时间去除余量，提高加工效率，而精加工以保证零件的质量。

（2）先近后远：缩短刀具移动距离、减少空走刀次数、提高效率，保证工件刚性，改善切削条件。

（3）先内后外：由于内孔受刀具和工件刚性影响，容易产生振动，不容易控制精度。

（4）程序段最少：程序简洁，减少编程工作量，降低编程出错率，也便于程序的检查和修改。

（5）走刀路线最短：在保证加工质量的前提下，走刀路线短，可节省加工时间、减少车床的磨损。

（6）特殊处理：根据实际情况，在进给方向的安排和切削路线的选择上，以及断屑处理、刀具运用等方面灵活处理，可以采用先精后粗、分序加工的原则。在实际加工中注意分析、研究、总结，不断积累经验，提高加工方案制订的水平。

3. 内锥体零件加工

1）程序准备、录入及校验

小组成员结合前面学习的基础知识，参考图 10-2，识读内锥体左端的程序语句，并且参考左端程序，完善表 10-5 中内锥体右端程序的程序语句及程序说明。

表 10-5　内锥体的加工程序卡片

顺序号	程序语句	程序说明
	O1001；	程序号（内锥体左端程序）
N1	G00 X100 Z100；	快速定位至坐标系中（100，100）的安全换刀点
N2	T0404 M03 S600；	调用 04 号盲孔车刀及 04 号刀补，主轴正转，粗车转速为 600 r/min
N3	G00 X13 Z5；	加工定位，刀尖快速接近毛坯，坐标点为（13，5）
N4	G90 X14.6 Z−21 F120；	粗车 φ15 内孔，留余量 0.4 mm，进给速度为 120 mm/min
N5	G00 X100 Z100 M05；	快速退刀至（100，100）安全点，主轴停转
N6	M00；	程序暂停
N7	T0404 M03 S1200；	调用 04 号盲孔车刀及 04 号刀补，主轴正转，粗车转速为 1200 r/min
N8	G00 X13 Z5；	加工定位，刀尖快速接近毛坯，坐标点为（13，5）
N9	G90 X15.01 Z−21 F120；	精车 φ15 内孔，取中间值 15.01，进给速度 120 mm/min
N10	G00 X100 Z100 M05；	快速退刀至（100，100）安全点，主轴停转

续表

顺序号	程 序 语 句	程 序 说 明
N11	M00；	程序暂停
N12	T0101 M03 S1000；	调用 01 号外圆车刀及 01 号刀补，主轴正转，粗车转速为 1 000 r/min
N13	G00 X36 Z3；	快速定位至（36，3）点，刀尖接近工件
N14	G90 X34.4 Z−46 F250；	粗车 φ34 外圆，留余量 0.4 mm，进给速度为 250 mm/min
N15	G00 X100 Z100 M05；	快速退刀至（100，100）安全点，主轴停转
N16	M00；	程序暂停
N17	T0101 M03 S2000；	调用 01 号外圆车刀及 01 号刀补，主轴正转，精车转速为 2 000 r/min
N18	G00 X32 Z3；	快速定位至（32，3）点
N19	G01 Z0˙F200；	进给切削至（13，0）点，精车进给速度为 200 mm/min
N20	X33.99 Z−1；	加工 1×45°倒角，进给切削至（33.99，−1）点
N21	Z−46；	切削 φ34×46 外圆，进给切削至（33.99，−46）点
N22	G00 X100 Z100 M05；	快速退刀至（100，100）安全点，主轴停转
N23	M00；	程序暂停
N24	T0202 M03 S250；	调用 02 号槽刀及 02 号刀补，主轴正转，车槽转速为 250 r/min，左刀尖点对刀，刀宽 4 mm
N25	G00 X36 Z−19；	快速定位至（36，−19）点
N26	G01 X33 F20；	加工沟槽 4×1.5，以 F20 的速度进给切削至（33，−19）点
N27	G00 X100；	X 方向先快速退刀至（100，−38）点
N28	Z100 M05；	Z 方向退刀至（100，100）点，主轴停止
N29	T0100；	调回基准刀具 1 号车刀，取消刀补
N30	M30；	程序结束
	O3002；	程序号（内锥体右端程序）
N1	G00 X100 Z100；	快速定位至坐标系中（100，100）的安全换刀点
N2	T0404 M03 S600；	调用 04 号盲孔车刀及 04 号刀补，主轴正转，粗车转速为 600 r/min
N3	G00 X13 Z5；	快速定位至（13，5）点，刀尖接近工件
N4	G71 U1 R1；	内圆车削循环，切削深度为 1 mm，粗车速度为 120 mm/min，留精车余量 0.4 mm
N5	G71 P6 Q9 U−0.4 F120；	
N6	G00 X24.01；	内圆柱以及内圆锥精加工程序段
N7	G01 Z−15 F120；	
N8	X22；	
N9	X20.5 Z−45；	
N10	G00 X100 Z100 M05；	快速退刀至（100，100）安全点，主轴停转
N11	M00；	程序暂停
N12	T0404 M03 S1200；	调用 04 号盲孔车刀及 04 号刀补，主轴正转，粗车转速为 1 200 r/min

续表

顺序号	程序语句	程序说明
N13	G00 X13 Z5；	加工定位，刀尖快速接近毛坯，坐标点为（13，5）
N14	G70 P6 Q9；	精车内圆柱及圆锥
N15	G00 X100 Z100 M05；	
N16	M00；	
N17	T0101 M03 S1000；	调用 01 号外圆车刀及 01 号刀补，主轴正转，粗车转速为 1 000 r/min
N18	G00 X36 Z3；	快速定位至（36，3）点，刀尖接近工件
N19	G71 U1.5 R1；	
N20	G71 P21 Q24 U0.4 F250；	
N21	G00 X28；	
N22	G01 Z0 F200；	
N23	X29.8 Z−2；	
N24	Z−20；	
N25	G00 X100 Z100 M05；	
N26	M00；	
N27		调用 01 号外圆车刀及 01 号刀补，主轴正转，精车转速为 2 000 r/min
N28	G00 X36 Z3；	
N29	G70 P21 Q24；	
N30		快速退刀至（100，100）安全点，主轴停转
N31		程序暂停
N32	T0202 M03 S250；	调用 02 号槽刀及 02 号刀补，主轴正转，车槽转速为 250 r/min，左刀尖点对刀，刀宽 4 mm
N33	G00 X36 Z−20；	快速定位至（36，−20）点
N34	G01 X27 F20；	加工沟槽 4×1.5，以 F20 的速度进给切削至（27，−20）点
N35	G00 X100；	X 方向先快速退刀至（100，−38）点
N36	Z100 M05；	Z 方向退刀至（100，100）点，主轴停止
N38	M00；	
N39	T0303 M03 S700；	调用 03 号螺纹车刀及 03 号刀补，主轴正转，车螺纹转速为 700 r/min
N40	G00 X36 Z3；	快速定位至（36，3）点
N41	G76 P020260 Q50 R0.1；	螺纹切削循环指令
N42	G76 X28.05 Z−18 P975 Q600 F1.5；	
N43	G00 X100 Z100；	
N44	T0100；	
N45	M30；	

待程序编辑完成后,小组成员把准备好的程序手动录入到机床数控系统,并进行模拟作图,以校验程序。

2)装刀与对刀操作

按照表 10-2 中要求,把各刀具装在相应刀位上,保证刀尖中心高、刀尖伸出刀架长度适中,并装正刀具。

对刀时,采用试切对刀法,以 1 号刀具为基准刀,其余刀具为非基准刀进行对刀操作。

3)零件加工与质量控制

加工前,首先单步试车,修正主轴转速倍率、进给倍率、快速倍率等加工参数,然后运行程序自动加工。

在加工过程中,所有小组成员通过防护门观看零件加工过程。负责加工操作的成员,必须在程序暂停的时候,对重要的加工尺寸进行检测,把所测原始数据填写到表 10-6 中,为后续的控制尺寸精度提供参考数据。如果所测原始数据与相应的理论值不同,可通过修正加工刀具对应的刀补值,从而保证零件的尺寸精度。

表 10-6 加工过程重要尺寸检测表   单位:mm

序号	检测尺寸	粗车后 D		第一次精车后 D		第二次精车后 D	
		理论值	实测值	理论值	实测值	理论值	实测值
1	$\phi34_{-0.021}^{0}$	$\phi34.4$		$\phi33.99$		$\phi33.99$	
2	$\phi15_{0}^{+0.025}$	$\phi14.6$		$\phi15.013$		$\phi15.013$	
3	$\phi24_{0}^{+0.025}$	$\phi23.6$		$\phi24.013$		$\phi24.013$	
4	65 ± 0.04	65		65		65	

4. 机床清洁与保养

加工完毕后,小组全体成员一起对机床进行清洁与保养工作,小组长在表 10-7 中记录清洁与保养情况。

表 10-7 机床清洁与保养记录单

序 号	内 容	要 求	结果记录
1	刀具	拆卸、整理、归位	
2	量具	清洁、保养、归位	
3	工具	整理、归位	
4	工作台	清洁、保养、回零	
5	导轨	清洁、保养	
6	主轴	清洁、保养	
7	刀架	清洁、保养	

续表

序 号	内 容	要 求	结 果 记 录
8	机床外观	清洁	
9	电源	切断	
10	切屑	清扫	
11	工作区域	清扫	

三、质量评估与反馈

1. 质量自检与互检

当零件加工完成后，每位小组成员必须对加工零件进行一次全面的检测，把检测结果填写到表 10-8 质量评估表中。然后与小组其他成员的检测结果对比，防止检测时读数错误或检测方法有误。最后，小组成员一起判别：所加工产品分为合格品、废品或可返修品，并在表 10-8 的"最终总评"一项中做出选择。

表 10-8　内锥体零件质量评估表

序号	检测尺寸		检测内容	检测结果	是 否 合 格
1	外圆	$\phi 34_{-0.021}^{0}$	IT		
2	内圆锥	1:20	IT		
3	内孔	$\phi 15_{0}^{+0.025}$	IT		
4		$\phi 24_{0}^{+0.025}$	IT		
5	长度	65 ± 0.04	IT		
6	槽	C4 两处	IT		
7	螺纹	$M30 \times 1.5 - 6g$	IT		
8	形位	同轴度	IT		
9	公差	垂直度	IT		
10	倒角	C1 两处	有/无		
11	物品	按 5S 规范摆放	有/无		
12	安全	着装、规范操作	有/无		
13	最终总评	所有检测尺寸的 IT 都在公差范围，零件完整		合格品	
		有一个或多个检测尺寸的 IT 超出最小极限公差，零件不完整		废品	
		有一个或多个检测尺寸的 IT 超出最大极限公差，零件不完整		可返修品	

知识链接　　**车套类零件时产生废品的原因及预防方法**

车套类零件时产生废品的原因及预防方法见表 10-9。

表 10-9　废品的原因及预防方法

废品名称	产　生　原　因	预　防　方　法
孔的尺寸大	1. 车孔时，没有仔细测量； 2. 铰孔时，铰刀尺寸大于要求，尾座偏移	1. 仔细测量和进行试切； 2. 检查铰刀尺寸，找正尾座，采用浮动套筒
孔的圆柱度超差	1. 车孔时，刀柄过细，刀具磨损，刀杆产生振动； 2. 车床主轴轴线歪斜，床身导轨磨损严重； 3. 主轴中心线与导轨不平行； 4. 铰孔时，尾座偏移	1. 增加刀柄刚度，保证车刀锋利； 2. 找正机床，大修机床； 3. 调整主轴轴线与导轨的平行度； 4. 校正尾座，或采用浮动套筒
孔的表面粗糙度大	1. 车孔时，内孔车刀磨损，刀柄过细，刀杆产生振动； 2. 铰孔时，铰刀磨损、碰毛、或有缺口，刀杆产生振动； 3. 切削速度和切削液选择不当，产生积屑瘤； 4. 铰孔余量不均匀和铰孔余量过大或过小	1. 增加刀柄刚度，保证车刀锋利； 2. 修磨铰刀，刃磨后保管好，防止碰毛； 3. 铰孔时，采用 5 m/min 以下的切削速度，并正确选用和加注切削液； 4. 正确选择铰孔余量
同轴度、垂直度超差	1. 一次装夹车削时，工件移位或机床精度不高； 2. 两次或多次装夹时，工件不正； 3. 用心轴装夹时，心轴中心孔碰毛，或心轴本身同轴度超差； 4. 用软卡爪装夹时，软卡爪没有车好	1. 装夹牢固，减小切削用量，调整机床精度； 2. 选好基准，找正工件； 3. 心轴中心孔应保护好，如碰毛可研修中心孔，如心轴弯曲可校正或直接更换； 4. 软卡爪应在本机床上车出，直径与工件装夹尺寸基本相同

2. 汇报学习情况

各小组派代表口头汇报整个学习任务的安排和完成情况，有何建议？

学习建议：

建议人：＿＿＿＿＿

3. 教师点评（教师口述，学生记录）

教师点评简要记录：

记录人：_____

任务 11　配合体的车削加工

学习目标

完成本任务后，你应当能：

（1）叙述配合体的结构；

（2）知道螺纹配合的加工技能；

（3）知道圆锥配合的加工技能；

（4）选择并修磨加工配合体的刀具；

（5）正确使用塞尺进行测量；

（6）判别所加工零件是否属于合格品；

（7）严格执行 5S 现场管理制度。

学习时间

18 学时

知识结构

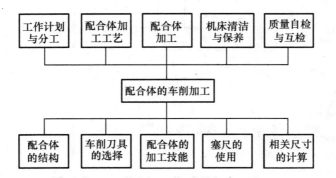

生产任务分析

近年来，随着数控技术的高速发展，各大中职院校竞相展开各类不同规格的数控技能竞赛。为了提高学生的数控加工综合技能，设计了很多综合性能强，且极具代表性的零件图。本任务讲述配合体的加工技能，单件生产，零件图样如图 11-1 所示。

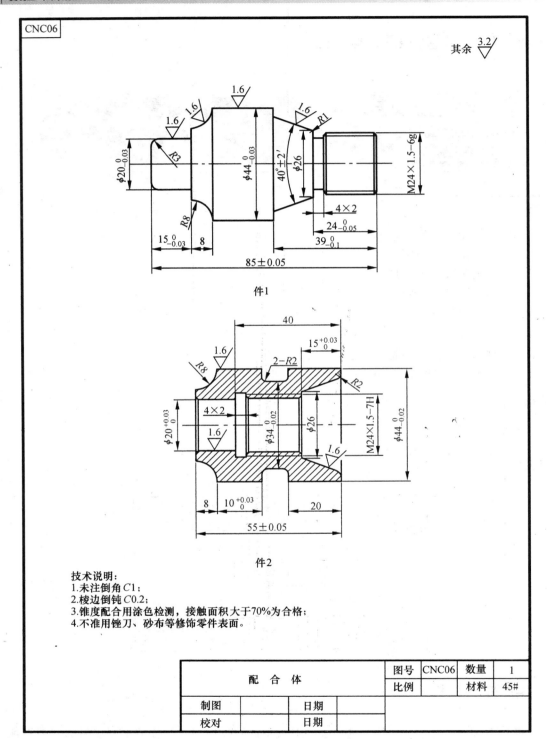

件1

件2

技术说明：
1.未注倒角 C1；
2.棱边倒钝 C0.2；
3.锥度配合用涂色检测，接触面积大于70%为合格；
4.不准用锉刀、砂布等修饰零件表面。

配 合 体		图号	CNC06	数量	1
		比例		材料	45#
制图		日期			
校对		日期			

(a)零件图

图 11-1　配合体

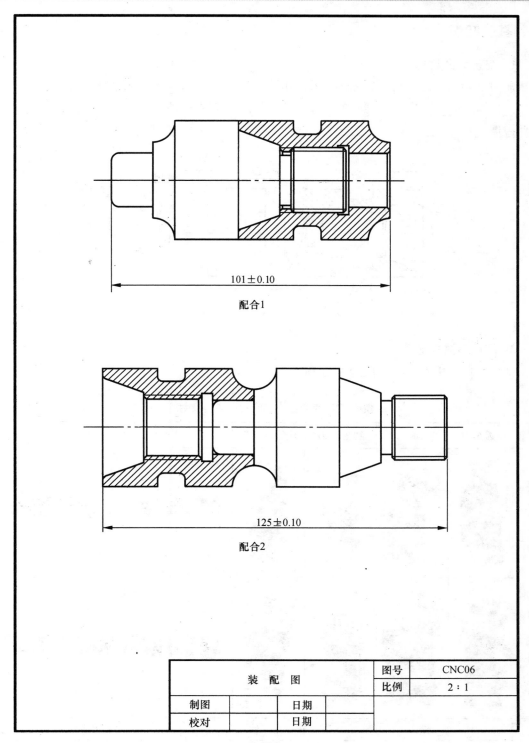

配合1

配合2

装　配　图		图号	CNC06
		比例	2∶1
制图	日期		
校对	日期		

(b)装配图

续图 11-1

一、基础知识

1. 配合体的结构

如图 11-2 所示，配合体的两个零件中：件 1 由 _____、__外圆锥__、_____、_____、_____ 及 __倒圆角__ 和 __倒直角__ 组成；件 2 由 _____、_____、__外沟槽__、_____、_____、_____、__倒圆角__ 和 _____ 组成。

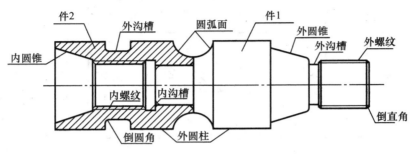

图 11-2 配合体的结构组成

2. 车削刀具的选用

常用数控车床车削刀具如表 11-1 所示。

表 11-1 常用数控车床刀具种类及用途

	外圆车刀	端面车刀	切槽车刀	外螺纹车刀	内螺纹车刀	内 孔 车 刀
常用焊接车刀						
常用机夹可转位车刀						
其他	中 心 钻	麻 花 钻			内 切 槽 刀	

结合所学知识，从表 11-1 中选择加工配合体零件所用刀具，并完善表 11-2 和表 11-3 中刀具的相关信息。

表 11-2　件 1 刀具选用清单

序号	刀具号	刀具名称及规格	材质	数量	加工表面	备　注
1	T01	90°外圆车刀	YT15	1	外形轮廓	
2	T02	外切槽刀	YT15	1		刃宽 3 mm
3	T03	60°外螺纹刀	YT15		M24×1.5—6g 外螺纹	

表 11-3　件 2 刀具选用清单

序号	刀具号	刀具名称及规格	材质	数量	加工表面	备　注
1	尾座	ϕ3 中心钻	高速钢			
2	尾座	ϕ17 麻花钻			ϕ17 底孔	
3	T01	90°外圆车刀	YT15	1		
4	T02	外切槽刀	YT15	1	外沟槽	刃宽 3 mm
5	T02	内切槽刀	YT15			刃宽 3 mm
6	T03	60°内螺纹刀				
7	T04	ϕ16 内孔车刀			内轮廓	

 小提示　　　当零件为单件生产时，粗车刀具与精车刀具可共用一把刀具，以节省装刀及对刀等辅助时间。但刀具的材质必须选择不易磨损的硬质合金或涂层刀具等。

3. 配合加工技能

1）螺纹配合加工技能

在内、外螺纹形成配合的一套零件的加工中，一般先选择加工外螺纹，并用标准环规及螺纹中径千分尺进行检测；当内螺纹加工时，则以先前车好的内螺纹进行配合检测，如图 11-3 所示。

(a)外螺纹检测　　　　　　　　　　　　(b)内螺纹检测

图 11-3　螺纹配合检测图

要保证螺纹加工的配合精度，加工时需注意：

（1）内、外螺纹车刀刀尖角度必须相同，本任务中刀尖角度为 60°；

（2）内、外螺纹车刀在数控车床上安装时，刀尖中心高必须相同，并且与主轴轴心保持相同高度；

（3）选择刚性较好的内螺纹车刀杆；

（4）尽量在同一台机床上面，选择相同的转速进行内、外螺纹的车削；

（5）加工内螺纹时，必须保证外螺纹能全程顺利通过。

 思考 · · · · · · 　利用螺纹环规进行外螺纹检测时，如何判别外螺纹是否合格？

2）圆柱配合加工技能

加工两零件的圆柱配合时，一般以"先外后内"的原则进行加工。加工中，先加工外圆柱（即轴），保证外圆柱的尺寸精度及表面质量，然后再加工内圆柱（即孔），并以外圆柱为标准进行配合检测。检测时，以外圆柱能全程进入内圆柱，稍有气滞感为宜。检测方法如图 11-4 所示。

3）圆锥配合加工技能

加工两零件的圆锥配合时，一般以"先外后内"的原则进行加工。加工中，先加工外锥，保证外锥的尺寸、角度及表面精度，然后再加工内锥，并以外锥为标准进行"涂色检测"。检测时，以外锥与内锥的接触长度为判别依据，本任务要求接触长度不小于 70% 为合格。检测方法如图 11-5 所示。

图 11-4　圆柱配合检测方法　　　　　　图 11-5　圆锥配合涂色检测

 小提示 　圆锥配合涂色检测时，一般把具有"红丹粉"等细稠颜色的鲜艳物品涂在检测部位。

要保证圆锥配合精度，加工时应该注意：

（1）内、外圆锥的车削刀具的刀尖中心高必须相同，并且与主轴轴心高度一致；

（2）必须保证内、外圆锥的表面精度，否则会影响内、外圆锥的配合精度；

（3）涂色检测时，以内、外圆锥的接触率为判别依据，接触率越高，配合效果越好；

（4）当发现涂色检测时接触率太小，可通过修调内锥加工起点或终点的直径坐标值后，再次加工内锥来增大内、外圆锥配合的接触率；

（5）当内、外圆锥配合时，以稍有阻滞或有吸力的感觉为宜。若内锥尺寸过大时，则会没有配合。所以，当进行内圆锥的精加工前，应该利用外圆锥进行配合，并利用塞尺测量出配合间隙，然后根据三角函数关系，算出内圆锥直径的实际精车余量，最后修正加工程序的精车余量值后再进行精加工。

如图 11-6 所示，当测量出内外圆锥的配合间隙为 1.18 mm 时，内圆锥直径的实际精车余量 $X_{实}$ 为：

$$X_{实} = 2 \times 1.18 \times \tan 20° \text{ mm} = 0.859 \text{ mm}$$

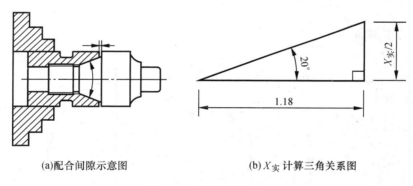

(a)配合间隙示意图　　　　　(b)$X_{实}$计算三角关系图

图 11-6　圆锥配合间隙

思考　　　　　在内、外圆锥的涂色配合检测中，发现外圆锥只有外锥前端与内锥有接触，并且接触面积远远小于 70%，此时，我们应该增大还是减小内锥终点的直径坐标值，才能增大内锥与外锥的接触率？

4. 塞尺的使用

塞尺又称测微片或厚薄规，是用于检验间隙的测量器具之一，横截面为直角三角形，在斜边上有刻度，利用锐角正弦直接将短边的长度表示在斜边上，这样就可以直接读出缝的大小。塞尺的结构如图 11-7 所示。

塞尺在使用时，应当注意以下几点。

（1）使用前必须先清除塞尺和工件上的污垢与灰尘。

（2）使用时可用一片或数片重叠插入间隙，以稍感拖滞为宜。

（3）测量时动作要轻，不允许硬插。

（4）不允许测量温度较高的零件。

利用塞尺测量间隙的方法如图 11-8 所示。

图 11-7　塞尺结构图　　　　　　　　图 11-8　塞尺测量间隙

5. 相关尺寸计算

1) 锥度节点计算

在编程前，需要对零件图中未知节点在工件坐标系中的坐标值进行计算。在本任务中，件1和件2中锥度与圆弧的连接中的未知节点坐标就需计算。

求未知节点的坐标值一般有两种方法。

（1）利用计算机绘图软件求值。利用 AutoCAD 绘图软件绘出图形，然后标注尺寸即可。例如，件1中的锥度与圆弧连接中，有三个未知点需要计算。标注时以件1右端面轴心处为工件坐标系原点，如图 11-9 所示。

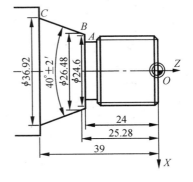

图 11-9　计算机绘图软件求节点值

根据图 11-9 中尺寸标注，把未知节点 A、B、C 三点在坐标系 XOZ 中的坐标值，填写到表 11-4 中。

表 11-4　件1未知节点坐标值

	X 轴直径值	Z 轴长度值
A 点	24.6	−24
B 点		
C 点		−39

（2）利用三角函数关系求值。未知节点的坐标值，也可以利用三角函数关系进行手工节点计算。例如，件2中的锥度与圆弧连接中，圆弧的起点和终点都是未知节点，计算时

应先作辅助线，如图 11-10 所示。

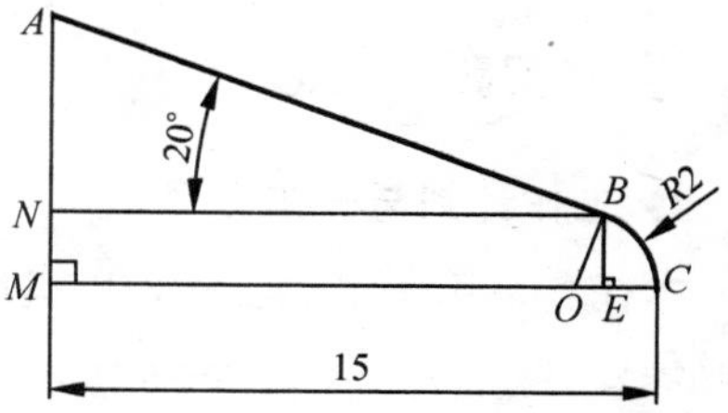

由图 11-1 可得，点 A 坐标为（26，－15），B 点、C 点为未知节点。

由图 11-10 可知，$\angle ABN = \angle OBE = 20°$，$\overline{CM} = 15$，$\overline{OB} = \overline{OC} = R = 2$（mm）。

图 11-10　手工节点计算

$$\therefore \overline{OE} = R \times \sin\angle OBE = 2 \times \sin20° = 0.684 \text{ mm}$$

$$\overline{BE} = R \times \cos\angle OBE = 2 \times \cos20° = 1.879 \text{ mm}$$

$$= \overline{NM}$$

$$\overline{EC} = \overline{OC} - \overline{OE} = （2 - 0.684）\text{ mm} = 1.316 \text{ mm}$$

$$\overline{BN} = \overline{CM} - \overline{EC} = （15 - 1.316）\text{ mm} = 13.684 \text{ mm}$$

$$\therefore \overline{AN} = \overline{BN} \times \tan\angle ABN = 13.684 \times \tan20° = 4.981 \text{ mm}$$

$$X_B = X_A + 2 \times \overline{AN} = 26 + 2 \times 4.981 = 35.962 \text{ mm}$$

$$Z_B = -\overline{EC} = -1.316 \text{ mm}$$

$$X_C = X_A + 2 \times \overline{AM} = 26 + 2 \times （\overline{AN} + \overline{NM}）$$

$$= 26 + 2 \times （4.981 + 1.897）= 39.756 \text{ mm}$$

根据以上计算，以件 2 右端面轴心处为工件坐标系原点，把件 2 中的未知节点坐标值填写到表 11-5 中。

表 11-5　件 2 未知节点坐标值

	X 轴直径值	Z 轴长度值
B 点		－1.316
C 点		0

2）螺纹相关尺寸计算

查阅螺纹相关资料，得螺距 $P = 1.5$ mm 时，外螺纹的基本偏差 es＝－0.032 mm，大径公差 $T_{d1} = 0.236$ mm，中径公差 $T_{d2} = -0.2$ mm。

螺纹顶径下偏差

$$ei = es - T_{d1} = （-0.032 - 0.236）\text{ mm} = -0.268 \text{ mm}$$

即外螺纹顶径为 23.732～23.968 之间，编程时取 $d_顶 = 23.8$ mm。

螺纹小径　　　$d_1 \approx d - 1.3P = （24 - 1.3 \times 1.5）\text{ mm} = 22.05 \text{ mm}$

螺纹中径　　　$d_2 \approx d - 0.65P = （24 - 0.65 \times 1.5）\text{ mm} = 23.025 \text{ mm}$

螺纹中径下偏差

$$ei = es + T_{d2} = -0.032 - 0.2 = -0.232 \text{ mm}$$

即螺纹中径取值范围为　　　22.793～22.993 mm 之间为合格。

螺纹牙高　　　　　　$h \approx 0.65P = 0.65 \times 1.5 \text{ mm} = 0.975 \text{ mm}$

内螺纹：

螺纹小径　　　　　　$D_4 = D_1 - P = （24 - 1.5）\text{ mm} = 22.5 \text{ mm}$

螺纹牙高　　　　　　$H \approx 0.5P = 0.5 \times 1.5 \text{ mm} = 0.75 \text{ mm}$

二、生产实践

1. 工作计划与分工

本任务采用小组学习法，以机床为单位，每小组 3 人，小组成员之间分工合作，共同完成任务。

把任务分成若干工作任务，制订工作计划，并把相关内容填写到表 11-6 中。

表 11-6　工作计划及分工表

序号	工 作 任 务	计划用时	实际用时	负 责 人
1	知识准备及程序编辑			小组全体成员
2	备料 $\phi48\times90$、$\phi48\times60$			
3	领取并校正量具			
4	领取及刃磨刀具			
5	程序录入及校验			
6	装刀及对刀操作			
7	零件加工及精度控制			
8	质量检测			小组全体成员
9	机床清洁与保养			小组全体成员

2. 讨论加工工艺

在数控车床上加工配合体零件，根据配合体零件"先外后内"的原则，可选择先加工零件 1，然后再加工零件 2。在加工零件 2 的内螺纹、内圆锥及内圆柱时，则分别以零件 1 的外螺纹、外圆锥及外圆柱为基准进行配合检测。

小组成员讨论零件 1 的加工工艺，对图 11-11 中各加工内容进行排序，并填写完善表 11-7 所示配合体零件件 1 的加工工艺卡片。

零件 1 正确的加工顺序为：图（a）→图（　）→图（　）→图（　）

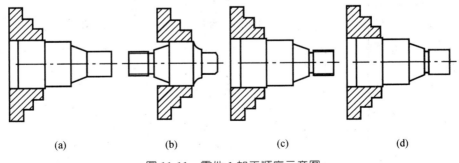

（a）　　　　　　（b）　　　　　　（c）　　　　　　（d）

图 11-11　零件 1 加工顺序示意图

表 11-7 配合体加工工艺卡片

单 位		产品名称或代号	零件名称	加工材料	零件图号	
			件 1	45#		
工序号	程序编号	夹具名称	夹具编号	使用数控系统	车间	备注
1	O1101	三爪自定心卡盘		GSK980TD		
工步号	工步内容	刀具号	主轴转速 /（r/min）	进给量 /（mm/r）	背吃刀量 /mm	
1	车零件右端面	T01	800	—	—	手动
2	粗车右端倒角、外螺纹基圆、40°外圆锥、φ44 外圆柱	T01	1000	0.25	1.5	自动
3	精车以上外形轮廓	T01	2000	0.1	0.4	自动
4	加工 4×2 退刀槽	T02	500	0.1		自动
5	加工 M24×1.5—6g 外螺纹	T03	600	1.5	—	自动
工序号	程序编号	夹具名称	夹具编号	使用数控系统	车间	
2	O1102	三爪自定心卡盘		GSK980TD		备注
工步号	工步内容	刀具号	主轴转速 /（r/min）	进给量 /（mm/r）	背吃刀量 /mm	
1	调头夹持 φ44 外圆，粗车零件左端 R3 圆角、φ20 外圆柱、R8 圆弧面，保证零件总长尺寸为 85 mm	T01				自动
2		T01			0.3	
编制		审核		批准		共 2 页第 1 页

小组成员讨论零件 2 的加工工艺，对图 11-12 中各加工内容进行排序，并填写完善表 11-8 所示配合体零件件 2 的加工工艺卡片。

零件 2 正确的加工顺序为：

图（a）→图（ ）→图（ ）→图（ ）→图（ ）→图（ ）→图（ ）→图（ ）

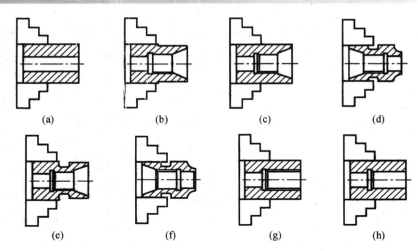

图 11-12　零件 2 加工顺序示意图

表 11-8　配合体加工工艺卡片

单　位		产品名称或代号	零件名称	加工材料	零件图号	备　注
			件 2	45#		
工序号	程序编号	夹具名称	夹具编号	使用数控系统	车间	
1	O1103	三爪自定心卡盘		GSK980TD		
工步号	工步内容	刀具号	主轴转速/（r/min）	进给量/（mm/r）	背吃刀量/mm	
1	车零件右端面	T01	800	—	—	手动
2	打 ϕ3 中心孔	尾座	600	—	—	
3	钻 ϕ18 通孔		250	—	—	
4	粗镗 ϕ12.5×40 内螺纹底孔	T04	800	0.2	1	自动
5	精镗 ϕ12.5×40 内螺纹底孔		1200		0.3	自动
6	车 4×2 内沟槽	T02	500	0.1	—	
7	车 M24×1.5－7H 内螺纹	T03	600		—	自动
8	粗车右端 ϕ44 外圆	T01		0.25		自动
9	粗镗 R2 圆角、40°内锥度、倒角					

单　位		产品名称或代号	零件名称	加工材料	零件图号	备　注
			件 2	45#		
工序号	程序编号	夹具名称	夹具编号	使用数控系统	车间	备　注
1	O1103	三爪自定心卡盘		GSK980TD		
工步号	工步内容	刀具号	主轴转速 /（r/min）	进给量 /（mm/r）	背吃刀量 /mm	
10	精镗以上内轮廓					
11		T01	1500		0.3	自动
12	车外沟槽及沟槽 R2 圆角	T02		0.1	—	
工序号	程序编号	夹具名称	夹具编号	使用数控系统	车间	备　注
2	O1104	三爪自定心卡盘		GSK980TD		
工步号	工步内容	刀具号	主轴转速 /（r/min）	进给量 /（mm/r）	背吃刀量 /mm	
1	调头装夹，夹持右端 ϕ44 外圆柱，粗车 R8 圆弧面、左端 ϕ44 外圆，保证零件总长 55	T01	800			
2	精车以上外形轮廓			0.1	0.3	
3		T04	800		1	自动
4	精镗左端 ϕ20 内孔	T04		0.1	0.3	自动
编制		审核		批准		共 2 页 第 2 页

　　由于零件 2 中内锥和内螺纹都与零件 1 形成配合，螺纹配合是圆锥配合的前提，圆锥配合是螺纹配合的保障，两种配合之间相互制约。为了保证零件 2 与零件 1 之间的两种配合关系，在加工零件 2 的内螺纹与内圆锥时，采用"分解法"——即内螺纹与内圆锥分成不同的工步进行加工。加工时，先加工内螺纹，内螺纹从右端面处开始加工，有效长度为 37 mm，保证内螺纹与外螺纹的配合精度，当加工内圆锥时，零件 1 的外螺纹便可以旋入内螺纹中；然后，再加工内圆锥，利用涂色法检验圆锥接触率，从而保证圆锥配合的精度。

3. 配合体零件加工

1）程序准备、录入及校验

小组成员参考图 11-9，结合零件加工工艺卡片内容，识读配合体零件的程序语句，并且完善表 11-9 中空缺的程序语句及程序说明。

表 11-9 配合体的加工程序卡片

顺序号	程序语句	程序说明
	O1101；	零件 1 右端程序
N10	G00 X100 Z100；	快速定位至安全换刀点
N20	T0101；	调用 01 号外圆刀具及 01 号刀补
N30	M03 S800；	外形轮廓粗车转速为 800 r/min
N40	G00 X50 Z3；	定位至加工起点
N50	G71 U1.5 R0.5；	G71 粗车复合循环指令
N60	G71 P70 Q150 U0.6 W0 F200；	
N70	G00 X22 S1500；	
N80	G01 Z0 F150；	
N90	X23.8 Z−0.9；	
N100	Z−23.97；	
N110	X24.6；	外形轮廓精加工程序段
N120	G03 X26.48 Z−25.28 R1；	
N130	G01 X36.92 Z−38.97；	
N140	X43.985；	
N150	Z−63；	
N160	G00 X100 Z100 M05；	退刀，主轴停
N170	M00；	程序暂停
N180	T0101；	调用 01 号外圆刀具及 01 号刀补
N190	M03 S1500；	外形轮廓精车转速为 1500 r/min
N200	G00 X50 Z3；	定位至加工起点
N210	G70 P70 Q150；	G70 精加工循环
N220	G00 X100 Z100 M05；	退刀，主轴停止
N230	M00；	程序暂停
N240	T0202；	调用 02 号外切槽刀具及 02 号刀补
N250	M03 S500；	切槽转速为 300 r/min
N260	G00 X26 Z−24；	定位至 4×2 退刀槽上方
N270	G01 X20 F50；	切槽第一刀

续表

顺序号	程序语句	程序说明
	O1101;	零件 1 右端程序
N280	X26;	X 方向退刀
N290	W2;	Z 正方向进刀
N300	X24;	X 方向定位至倒角起点
N310	X22 W−1;	倒 1×45° 直角
N320	X20;	切槽第二刀
N330	G00 X100;	X 方向快速退刀
N340	Z100 M05;	Z 方向快速退刀，主轴停止
N350	M00;	程序暂停
N360	T0303;	调用 03 号外螺纹刀具及 03 号刀补
N370	M03 S600;	螺纹车削转速为 600 r/min
N380	G00 X26 Z3;	定位至加工起点
N390	G92 X23.2 Z−21 F1.5;	螺纹切削第一刀，车 0.6 mm
N400	X22.7;	螺纹切削第二刀，车 0.5 mm
N410		螺纹切削第三刀，车 0.5 mm
N420		螺纹切削第四刀，车 0.2 mm
N430	X22.05;	螺纹切削第五刀，车 0.05 mm
N440	G00 X100 Z100 M05;	退刀，主轴停
N450	M30;	程序结束
	O1102;	零件 1 左端程序
N10	G00 X100 Z100;	快速定位至安全换刀点
N20	T0101;	调用 01 号外圆刀具及 01 号刀补
N30	M03 S800;	外形轮廓粗车转速为 800 r/min
N40	G00 X50 Z10;	定位至加工起点
N50		G71 粗车复合循环指令
N60		
N70	G00 X0 S1500;	
N80	G01 Z0 F150;	
N90	X13.985;	
N100	G03 X19.985 Z−3 R3;	外形轮廓精加工程序段，保证零件总长 85 mm
N110	G01 Z−14.985;	
N120	X27.985;	
N130	G03 X44.985 W−8 R8;	
N140	G01 X46 W−1;	

续表

顺序号	程 序 语 句	程 序 说 明
	O1102；	零件 1 左端程序
N150	G00 X100 Z100 M05；	退刀，主轴停
N160	M00；	程序暂停
N170	T0101；	调用 01 号外圆刀具及 01 号刀补
N180	M03 S1500；	外形轮廓精车转速为 1500 r/min
N190	G00 X50 Z10；	定位至加工起点
N200	G70 P70 Q140；	G70 精加工循环
N210	G00 X100 Z100 M05；	退刀，主轴停止
N220	M30；	程序结束
	O1103；	零件 2 右端程序
N10	G00 X100 Z100；	快速定位至安全换刀点
N20	T0404；	调用 04 号镗孔刀具及 04 号刀补
N30	M03 S800；	内轮廓粗车转速为 800 r/min
N40	G00 X18；	定位至加工起点
N50	Z3；	
N60	G90 X20 Z−40 F160；	加工 $\phi 22.5 \times 40$ 内螺纹底孔第一刀
N70	X21.9；	加工 $\phi 22.5 \times 40$ 内螺纹底孔第二刀，直径方向留 0.6 mm 余量
N80	G00 Z100；	退刀，主轴停
N90	X100 M05；	
N100	M00；	
N110	T0404；	调用 04 号镗孔刀具及 04 号刀补
N120	M03 S1200；	内轮廓粗车转速为 800 r/min
N130	G00 X18；	定位至加工起点
N140	Z3；	
N150	G90 X22.5 Z−40 F120；	精车 $\phi 22.5 \times 40$ 内螺纹底孔
N160	G00 Z100；	
N170	X100 M05；	
N180	M00；	
N190	T0303；	调用 03 号内螺纹刀具及 03 号刀补
N200	M03 S600；	螺纹车削转速为 600 r/min
N210	G00 X21；	定位至加工起点
N220	Z5；	

顺序号	程　序　语　句	程　序　说　明
	O1103；	零件 2 右端程序
N230	G92 X23.1 Z−37 F1.5；	螺纹切削第一刀，车 0.6 mm
N240	X23.5；	螺纹切削第二刀，车 0.4 mm
N250		螺纹切削第三刀，车 0.3 mm
N260		螺纹切削第四刀，车 0.1 mm
N270	X24；	螺纹切削第五刀，车 0.1 mm
N280	G00 Z100；	退刀，主轴停止
N290	X100 M05；	
N300	M00；	程序暂停
N310	T0404；	调用 04 号镗孔刀具及 04 号刀补
N320	M03 S800；	内轮廓粗车转速为 800 r/min
N330	G00 X18；	定位至加工起点
N340	Z3；	
N350	G71 U1 R0.2；	G71 粗车复合循环指令
N360	G71 P80 Q150 U−0.6 W0 F160；	
N370	G00 X39.756 S1200；	内轮廓精加工程序段
N380	G01 Z0 F120；	
N390	G02 X35.962 Z−1.316 R2；	
N400	G01 X26 Z−15；	
N410	X24.5；	
N420	X20.5 Z−17；	
N430	X18；	
N440	G00 Z100；	退刀，主轴停止
N450	X100 M05；	
N460	M00；	程序暂停
N470	T0404；	调用 04 号镗孔刀具及 04 号刀补
N480	M03 S1200；	内廓精车转速为 1200 r/min
N490	G00 X18；	
N500	Z3；	
N510	G70 P80 Q150；	
N520	G00 Z100；	
N530	X100 M05；	
N540	M00；	程序暂停

续表

顺序号	程 序 语 句	程 序 说 明
	O1103；	零件 2 右端程序
N550	T0202；	调用 02 号内切槽刀具及 02 号刀补
N560	M03 S500；	内切槽转速为 500 r/min
N570	G00 X21；	定位至 4×2 退刀槽上方
N580	Z—40；	
N590	G01 X26.5 F50；	切槽第一刀
N600	X21；	X 方向退刀
N610	W2；	Z 正方向进刀
N620	X22.5；	X 方向定位至倒角起点
N630	X24.5 W—1；	倒 1×45°直角
N640	X26.5；	切槽第二刀
N650	X21；	X 方向退刀
N660	G00 Z100；	Z 方向快速退刀至安全点
N670	X100 M05；	X 方向快速退刀，主轴停止
N680	M00；	程序暂停
N690	T0101；	调用 01 号外圆刀具及 01 号刀补
N700	M03 S800；	外形轮廓粗车转速为 800 r/min
N710	G00 X50 Z3；	定位至加工起点
N720	G90 X47.6 Z—30 F200；	外圆粗车第一刀
N730	X44.6；	外圆粗车第二刀，X 方向留 0.6 mm 余量
N740	G00 X100 Z100 M05；	
N750	M00；	
N760	T0101；	
N770	M03 S1500；	
N780	G00 X50 Z3；	
N790	G90 X43.985 Z—30 F150；	外圆精车
N800	G00 X100 Z100 M05；	退刀，主轴停
N810	M00；	程序暂停
N820	T0202；	调用 02 号外切槽刀具及 02 号刀补
N830	M03 S500；	外切槽转速为 500 r/min
N840	G00 X46 Z—28；	定位
N850	G01 X34.3 F50；	切槽第一刀
N860	G00 X46；	X 方向退刀

顺序号	程序语句	程序说明
	O1103；	零件 2 右端程序
N870	W3；	Z 正方向进刀 3 mm
N880	G01 X34.3；	切槽第二刀
N890	G00 X46；	X 方向退刀
N900	W2；	Z 正方向进刀 2 mm
N910	G01 X37.99 F50；	切槽第三刀
N920	G02 X33.99 W−2 R2；	倒沟槽右边圆角
N930	G01 Z−28；	赶刀至 Z−28 处
N940	G00 X46；	X 方向退刀
N950	W−2；	Z 负方向进刀 2 mm
N960	G01 X37.99 F50；	切槽第四刀
N970	G03 X33.99 W2 R2；	倒沟槽左边圆角
N980		退刀，主轴停
N990		
N1000		程序结束
	O1104；	零件 2 左端程序
N10	G00 X100 Z100；	快速定位至安全换刀点
N20	T0101；	调用 01 号外圆刀具及 01 号刀补
N30	M03 S800；	外形轮廓粗车转速为 800 r/min
N40	G00 X50 Z10；	定位至加工起点
N50	G71 U1.5 R0.5；	G71 粗车复合循环指令
N60	G71 P70 Q110 U0.6 W0 F200；	
N70		外形轮廓精加工程序段，保证零件总长 55 mm
N80		
N90		
N100		
N110		
N120	G00 X100 Z100 M05；	退刀，主轴停
N130	M00；	程序暂停
N140	T0101；	调用 01 号外圆刀具及 01 号刀补
N150	M03 S1500；	外形轮廓精车转速为 1500 r/min
N160	G00 X50 Z10；	定位至加工起点
N170		G70 精加工循环

顺序号	程序语句	程序说明
	O1104；	零件 2 左端程序
N180	G00 X100 Z100 M05；	退刀，主轴停
N190	M00；	程序暂停
N200	T0404；	调用 04 号镗孔刀具及 04 号刀补
N210	M03 S800；	粗镗转速为 800 r/min
N220		定位至加工起点
N230		
N240	G90 X19.4 Z－16 F160；	粗镗内孔，X 方向留 0.6 mm 余量
N250	G00 Z100；	退刀，主轴停
N260	X100 M05；	
N270	M00；	程序暂停
N280	T0404；	调用 04 号镗孔刀具及 04 号刀补
N290	M03 S1200；	精镗转速为 1200 r/min
N300	G00 X18；	
N310	Z5；	
N320	G90 X20.015 Z－16 F120；	
N330	G00 Z100；	
N340	X100 M05；	
N350	M30；	

待程序编辑完成后，小组成员把准备好的程序手动录入到机床数控系统，并进行模拟作图，以校验程序。

2）装刀与对刀操作

按照表 11-2、表 11-3 刀具卡片中的要求，分别安装加工零件 1 与零件 2 所需刀具，并保证刀尖中心高、刀尖伸出刀架长度适中。

对刀时，采用试切对刀法，以 1 号刀具为基准刀具，其余刀具为非基准刀具进行对刀操作。

3）零件加工与质量控制

加工前，首先单步试车，修正主轴转速倍率、进给倍率、快速倍率等加工参数，然后运行程序自动加工。

在加工过程中，所有小组成员通过防护门观看零件加工过程。负责加工操作的成员，必须在程序暂停的时候，对重要的加工尺寸进行检测，把所测原始数据填写到表 11-10 中，为后续的控制尺寸精度提供参考数据。如果所测原始数据与相应的理论值不同，可通过修正加工刀具对应的刀补值，从而保证零件的尺寸精度。

表 11-10　加工过程重要尺寸检测表

序号	检测尺寸	粗车后 D		第一次精车后 D		第二次精车后 D	
		理论值	实测值	理论值	实测值	理论值	实测值
1	零件 1 外圆 $\phi 44^{\ 0}_{-0.03}$	$\phi 44.585$		$\phi 43.985$		$\phi 43.985$	
2	零件 1 外圆 $\phi 20^{\ 0}_{-0.03}$	$\phi 20.585$		$\phi 19.985$		$\phi 19.985$	
3	零件 2 外圆 $\phi 44^{\ 0}_{-0.02}$	$\phi 44.59$		$\phi 43.99$		$\phi 43.99$	
4	零件 2 外圆 $\phi 34^{\ 0}_{-0.02}$	$\phi 34.59$		$\phi 33.99$		$\phi 33.99$	
5	零件 2 内孔 $\phi 20^{+0.03}_{\ 0}$	19.415		20.015		20.015	

　　在零件加工过程中，当加工零件 1 时，用外径千分尺及深度千分尺检测各外圆尺寸及长度尺寸，以保证零件 1 的尺寸精度，并以零件 1 为标准进行零件 2 的加工及检测。

　　当加工零件 2 右端内螺纹时，以零件 1 的外螺纹进行配合检测，当配合全程顺畅通过后为合格。

　　当加工零件 2 右端内锥时，以零件 1 外锥进行涂色检查圆锥配合的接触率，并使用塞尺测量零件 1 与零件 2 配合时的间隙，以保证配合长度 101±0.1 尺寸。

　　当加工零件 2 左端 $\phi 20^{+0.03}_{\ 0}$ 内孔时，则先以内径千分尺测量保证尺寸精度，然后以零件 1 外圆轴进行配合检查，以保证配合长度 125±0.1 尺寸。

知识拓展　　　　　　**常用锥度的检测方法**

　　对于相配合的锥度工件，根据用途的不同，其锥度公差和角度公差也不相同。圆锥的检测主要是指角度和尺寸精度的检测，常用的方法有以下几种。

　　（1）用游标万能角度尺测量。

　　如图 11-13 所示，测量时基尺带尺身沿着游标转动，通过不同的组合，可以测量 0°～320°范围内的任意角度。其读数方法类似于游标卡尺，图 11-13 所示为分度值为 2′ 的万能角度尺。测量时，被测工件放在基尺和直尺的测量面之间可以测量 0°～50°范围内角度；卸下角尺，用直尺代替可以测量 50°～140°范围内角度；卸下直尺，装上角尺则可以测量 140°～230°范围内角度；角尺和直尺都卸下，则可以测量 230°～320°范围内角度。

　　（2）用角度样板检验。

　　角度样板属于专用量具，常用在批量生产中，以减少辅助时间。

　　（3）用涂色法测量。

　　对于标准圆锥或配合精度要求较高的圆锥工件，一般使用圆锥套规和圆锥塞规检验。其步骤为：首先在工件的圆周上，顺着圆锥素线薄而均匀地涂上三条显示剂，然后手握套规或塞规轻轻地套在或塞入工件上，稍加周向推力，并将套规转动半圈，最后取下，观察工件表面显示剂全长被擦去情况，若擦痕均匀，则说明锥度正确，若小端擦去，大端未擦去，则说明工件圆锥角小，反之，则圆锥角大。

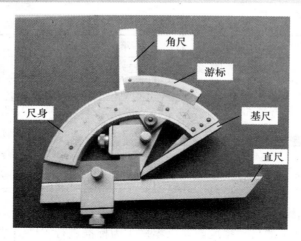

图 11-13　万能角度尺

4. 机床清洁与保养

加工完毕后，小组全体成员一起对机床进行清洁与保养工作，小组长在表 11-11 中记录清洁与保养情况。

表 11-11　机床清洁与保养记录单

序　号	内　容	要　　求	结　果　记　录
1	刀具	拆卸、整理、归位	
2	量具	清洁、保养、归位	
3	工具	整理、归位	
4	工作台	清洁、保养 、回零	
5	导轨	清洁、保养	
6	主轴	清洁、保养	
7	刀架	清洁、保养	
8	机床外观	清洁	
9	电源	切断	
10	切屑	清扫	
11	工作区域	清扫	

三、质量评估与反馈

1. 质量自检与互检

当零件加工完成后，每位小组成员必须对加工零件进行一次全面的检测，把检测结果填写到表 11-12 质量评估表中。然后与小组其他成员的检测结果对比，防止检测时读数错误或检测方法有误。最后小组成员一起判别：所加工产品分为合格品、废品或可返修品，并在表 11-12 的"最终总评"一项中作出选择。

表 11-12　配合体零件质量评估表

序号	检测尺寸		检测内容	检测结果	是否合格	
1	外圆	零件 1 的 $\phi44_{-0.03}^{0}$	IT			
2		零件 1 的 $\phi20_{-0.03}^{0}$	IT			
3		零件 2 的 $\phi44_{-0.02}^{0}$	IT			
4		零件 2 的 $\phi34_{-0.02}^{0}$	IT			
5	内孔	$\phi20_{0}^{+0.03}$	IT			
6	长度	零件 1 的 $24_{-0.05}^{0}$	IT			
7		零件 1 的 $39_{-0.1}^{0}$	IT			
8		零件 1 的 $15_{-0.03}^{0}$	IT			
9		零件 1 的 85 ± 0.05	IT			
10		零件 2 的 $15_{0}^{+0.03}$	IT			
11		零件 2 的 $10_{0}^{+0.03}$	IT			
12		零件 2 的 55 ± 0.05	IT			
13	配合	101 ± 0.1	IT			
14		125 ± 0.1	IT			
15		螺纹配合	中径及配合			
16		圆锥配合	接触率			
17	槽	零件 1 的 4×2	IT			
18		零件 2 的 4×2	IT			
19	倒角	$1\times45°$ 两处	有/无			
20	物品	按 5S 规范摆放	有/无			
21	安全	着装、规范操作	有/无			
22	最终总评	所有检测尺寸的 IT 都在公差范围，零件完整		合格品		
		有一个或多个检测尺寸的 IT 超出最小极限公差，零件不完整		废品		
		有一个或多个检测尺寸的 IT 超出最大极限公差，零件不完整		可返修品		

2. 汇报学习情况

各小组派代表口头汇报整个学习任务的安排和完成情况，有何建议？

学习建议：

建议人：＿＿＿＿＿＿

3. 教师点评（教师口述，学生记录）

教师点评简要记录：

　　　　　　　　　　　　　　　　　　　　　　　　　　　　　记录人：＿＿＿＿＿＿

附录 A 中级考证实操练习题选

中级考证练习 1

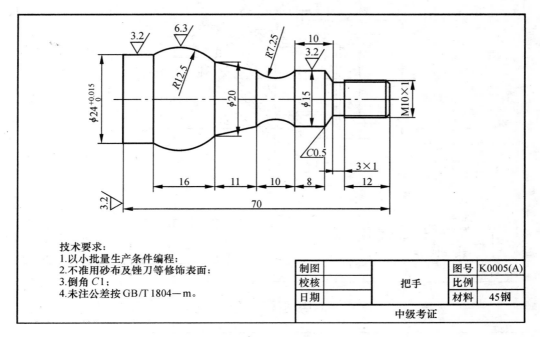

技术要求:
1.以小批量生产条件编程;
2.不准用砂布及锉刀等修饰表面;
3.倒角 C1;
4.未注公差按 GB/T 1804—m。

制图		把手	图号	K0005(A)
校核			比例	
日期			材料	45钢
		中级考证		

中级考证练习 2

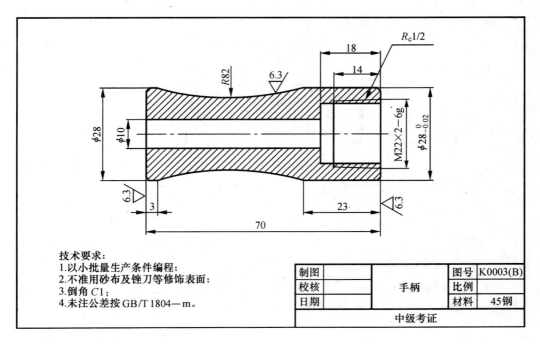

技术要求:
1.以小批量生产条件编程;
2.不准用砂布及锉刀等修饰表面;
3.倒角 C1;
4.未注公差按 GB/T 1804—m。

制图		手柄	图号	K0003(B)
校核			比例	
日期			材料	45钢
		中级考证		

中级考证练习 3

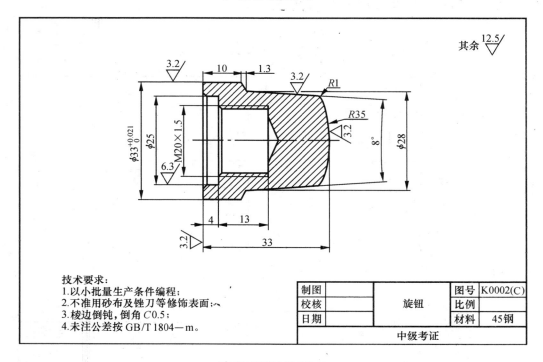

技术要求：
1.以小批量生产条件编程；
2.不准用砂布及锉刀等修饰表面；
3.棱边倒钝，倒角C0.5；
4.未注公差按GB/T1804—m。

制图		旋钮	图号	K0002(C)
校核			比例	
日期			材料	45钢
		中级考证		

中级考证练习 4

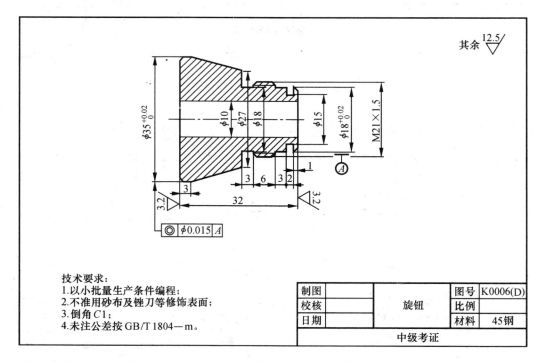

技术要求：
1.以小批量生产条件编程；
2.不准用砂布及锉刀等修饰表面；
3.倒角C1；
4.未注公差按GB/T1804—m。

制图		旋钮	图号	K0006(D)
校核			比例	
日期			材料	45钢
		中级考证		

中级考证练习 5

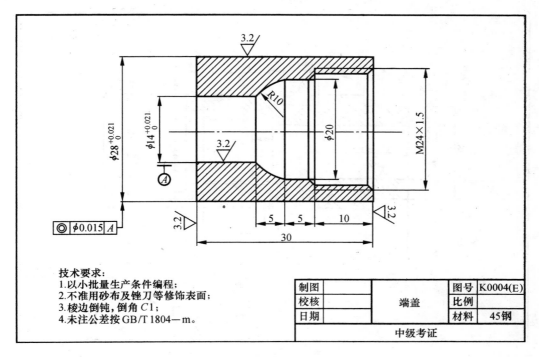

技术要求:
1. 以小批量生产条件编程;
2. 不准用砂布及锉刀等修饰表面;
3. 棱边倒钝,倒角 C1;
4. 未注公差按 GB/T 1804—m。

制图		端盖	图号	K0004(E)
校核			比例	
日期			材料	45钢
		中级考证		

中级考证练习 6

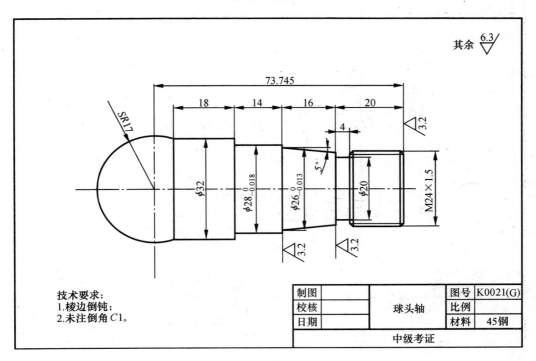

其余 $\sqrt{6.3}$

技术要求:
1. 棱边倒钝;
2. 未注倒角 C1。

制图		球头轴	图号	K0021(G)
校核			比例	
日期			材料	45钢
		中级考证		

中级考证练习 7

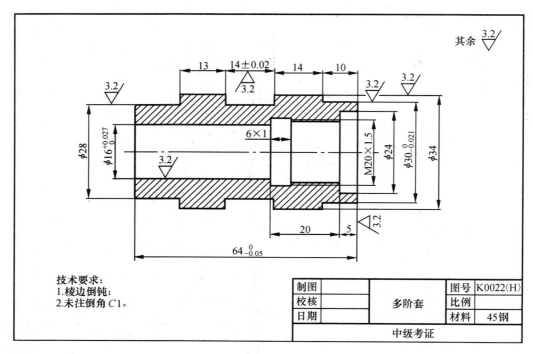

技术要求：
1. 棱边倒钝；
2. 未注倒角 C1。

制图		多阶套	图号	K0022〈H〉
校核			比例	
日期			材料	45钢
		中级考证		

中级考证练习 8

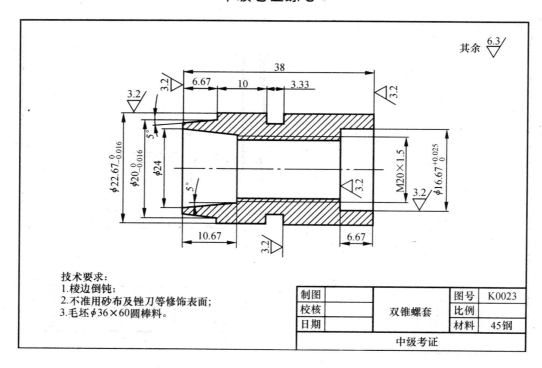

技术要求：
1. 棱边倒钝；
2. 不准用砂布及锉刀等修饰表面；
3. 毛坯 φ36×60 圆棒料。

制图		双锥螺套	图号	K0023
校核			比例	
日期			材料	45钢
		中级考证		

中级考证练习 9

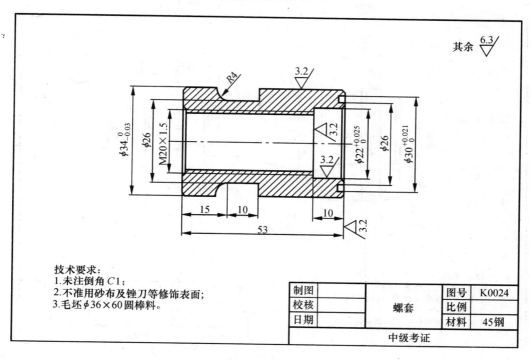

技术要求：
1. 未注倒角 C1；
2. 不准用砂布及锉刀等修饰表面；
3. 毛坯 $\phi 36 \times 60$ 圆棒料。

制图			图号	K0024
校核		螺套	比例	
日期			材料	45钢
		中级考证		

中级考证练习 10

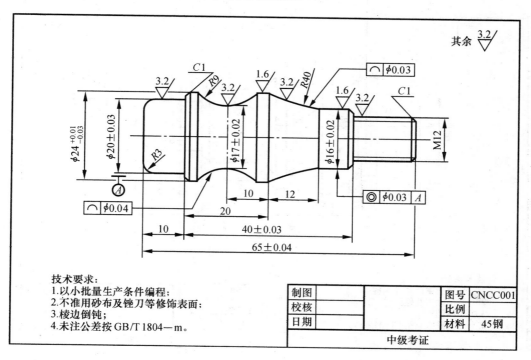

技术要求：
1. 以小批量生产条件编程；
2. 不准用砂布及锉刀等修饰表面；
3. 棱边倒钝；
4. 未注公差按 GB/T 1804—m。

制图			图号	CNCC001
校核			比例	
日期			材料	45钢
		中级考证		

中级考证练习 11

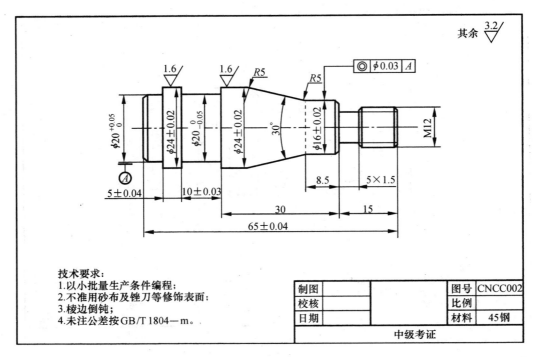

技术要求：
1.以小批量生产条件编程；
2.不准用砂布及锉刀等修饰表面；
3.棱边倒钝；
4.未注公差按GB/T 1804—m。

制图			图号	CNCC002
校核			比例	
日期			材料	45钢
		中级考证		

中级考证练习 12

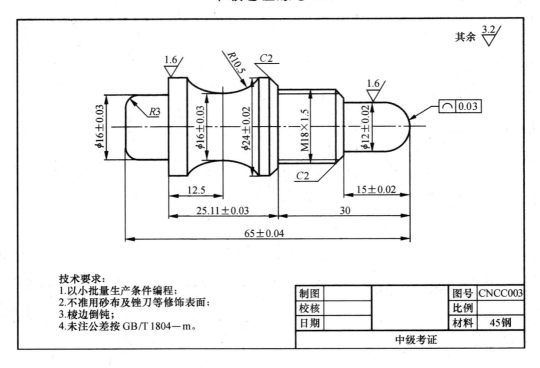

技术要求：
1.以小批量生产条件编程；
2.不准用砂布及锉刀等修饰表面；
3.棱边倒钝；
4.未注公差按GB/T 1804—m。

制图			图号	CNCC003
校核			比例	
日期			材料	45钢
		中级考证		

中级考证练习 13

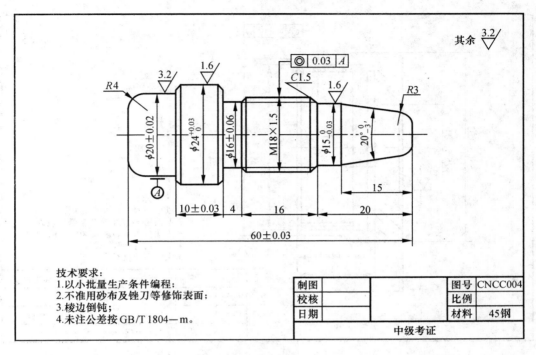

制图			图号	CNCC004
校核			比例	
日期			材料	45钢
	中级考证			

中级考证练习 14

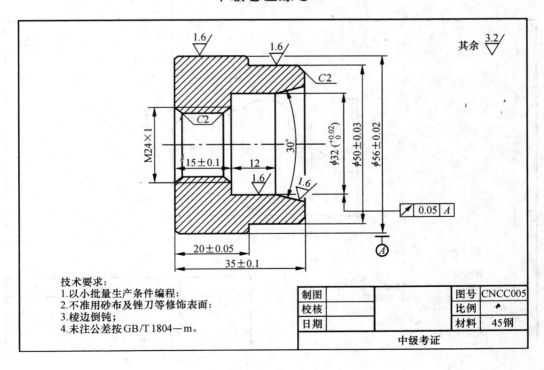

制图			图号	CNCC005
校核			比例	
日期			材料	45钢
	中级考证			

中级考证练习 15

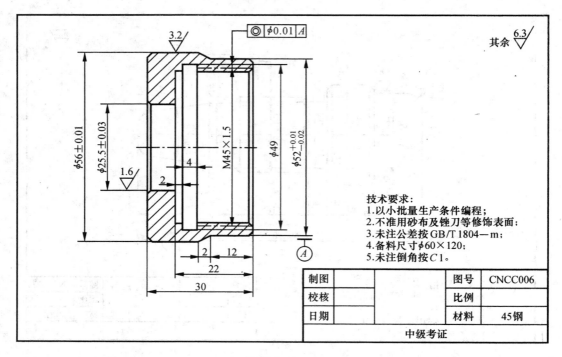

技术要求：
1. 以小批量生产条件编程；
2. 不准用砂布及锉刀等修饰表面；
3. 未注公差按 GB/T 1804—m；
4. 备料尺寸 $\phi 60 \times 120$；
5. 未注倒角按 C1。

制图		图号	CNCC006
校核		比例	
日期		材料	45钢
中级考证			

中级考证练习 16

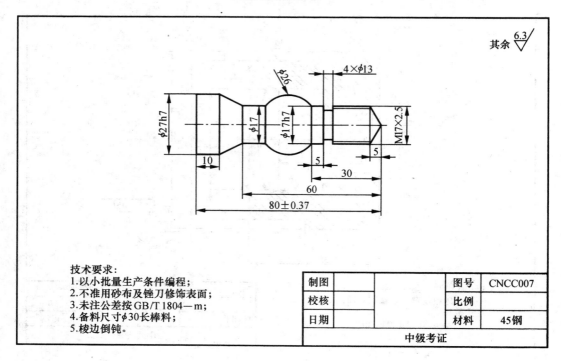

技术要求：
1. 以小批量生产条件编程；
2. 不准用砂布及锉刀修饰表面；
3. 未注公差按 GB/T 1804—m；
4. 备料尺寸 $\phi 30$ 长棒料；
5. 棱边倒钝。

制图		图号	CNCC007
校核		比例	
日期		材料	45钢
中级考证			

中级考证练习 17

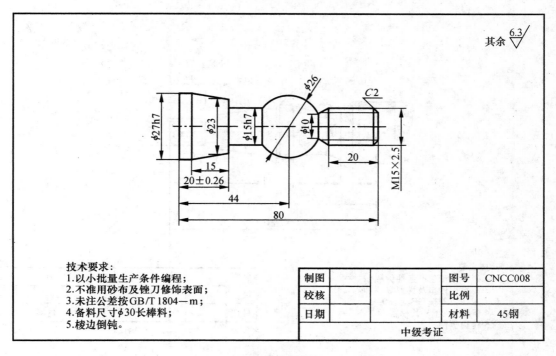

其余 6.3

技术要求:
1.以小批量生产条件编程;
2.不准用砂布及锉刀修饰表面;
3.未注公差按 GB/T 1804—m;
4.备料尺寸 φ30 长棒料;
5.棱边倒钝。

制图			图号	CNCC008
校核			比例	
日期			材料	45钢
中级考证				

中级考证练习 18

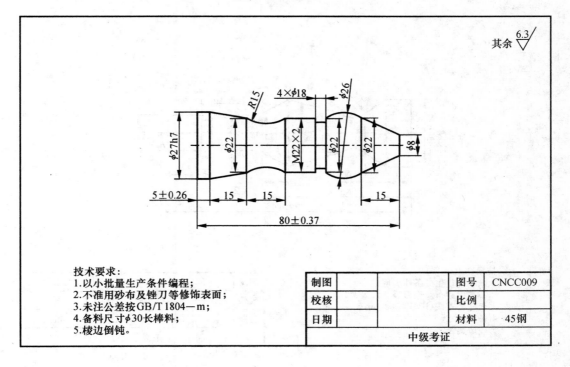

其余 6.3

技术要求:
1.以小批量生产条件编程;
2.不准用砂布及锉刀等修饰表面;
3.未注公差按 GB/T 1804—m;
4.备料尺寸 φ30 长棒料;
5.棱边倒钝。

制图			图号	CNCC009
校核			比例	
日期			材料	45钢
中级考证				

中级考证练习 19

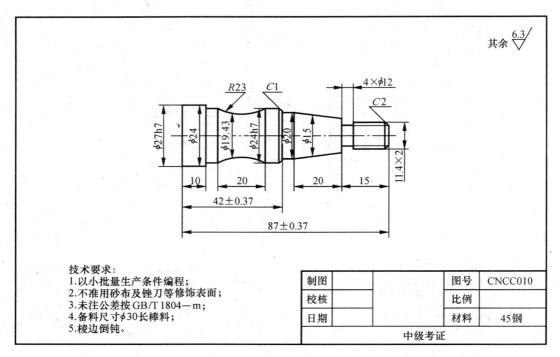

技术要求：
1. 以小批量生产条件编程；
2. 不准用砂布及锉刀等修饰表面；
3. 未注公差按 GB/T 1804—m；
4. 备料尺寸 ϕ30 长棒料；
5. 棱边倒钝。

制图			图号	CNCC010
校核			比例	
日期			材料	45钢
		中级考证		

中级考证练习 20

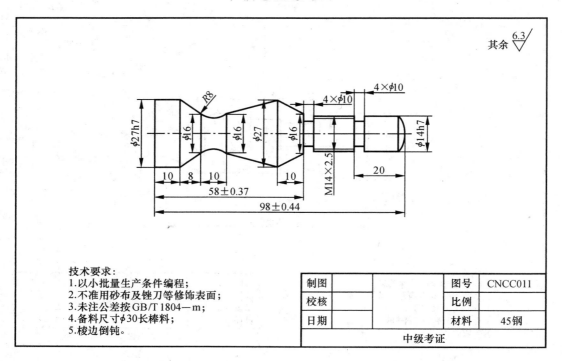

技术要求：
1. 以小批量生产条件编程；
2. 不准用砂布及锉刀等修饰表面；
3. 未注公差按 GB/T 1804—m；
4. 备料尺寸 ϕ30 长棒料；
5. 棱边倒钝。

制图			图号	CNCC011
校核			比例	
日期			材料	45钢
		中级考证		

中级考证练习 21

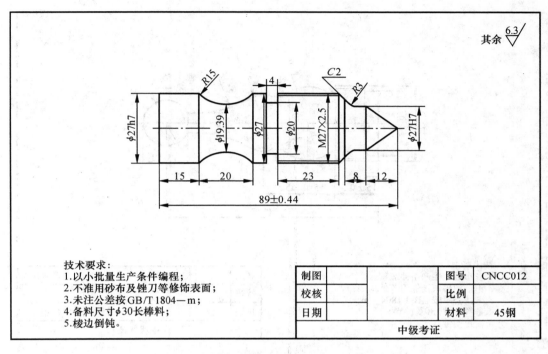

技术要求:
1. 以小批量生产条件编程;
2. 不准用砂布及锉刀等修饰表面;
3. 未注公差按 GB/T 1804—m;
4. 备料尺寸 φ30 长棒料;
5. 棱边倒钝。

制图		图号	CNCC012
校核		比例	
日期		材料	45钢
中级考证			

中级考证练习 22

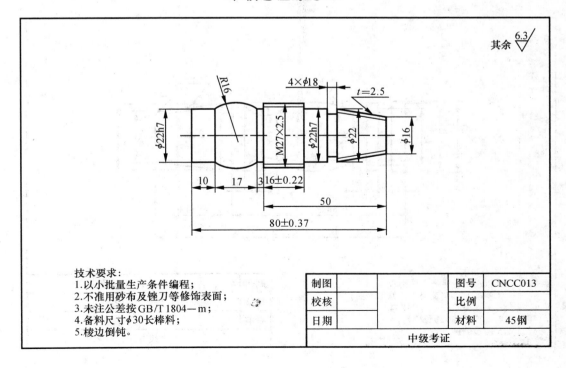

技术要求:
1. 以小批量生产条件编程;
2. 不准用砂布及锉刀等修饰表面;
3. 未注公差按 GB/T 1804—m;
4. 备料尺寸 φ30 长棒料;
5. 棱边倒钝。

制图		图号	CNCC013
校核		比例	
日期		材料	45钢
中级考证			

中级考证练习 23

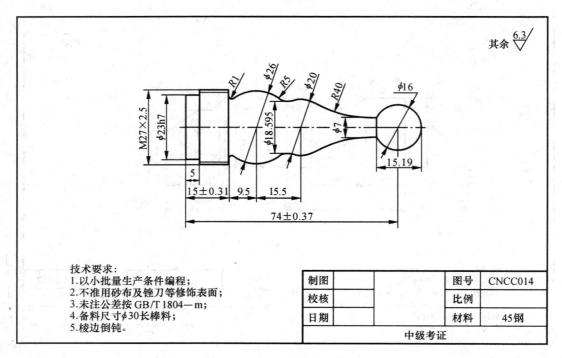

其余 $\sqrt{6.3}$

技术要求：
1. 以小批量生产条件编程；
2. 不准用砂布及锉刀等修饰表面；
3. 未注公差按 GB/T 1804—m；
4. 备料尺寸 ϕ30 长棒料；
5. 棱边倒钝。

制图		图号	CNCC014
校核		比例	
日期		材料	45钢
	中级考证		

中级考证练习 24

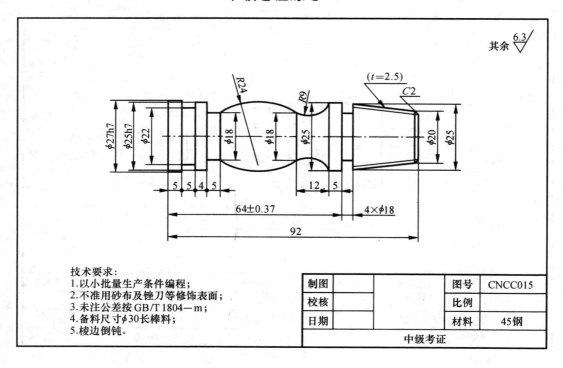

其余 $\sqrt{6.3}$

技术要求：
1. 以小批量生产条件编程；
2. 不准用砂布及锉刀等修饰表面；
3. 未注公差按 GB/T 1804—m；
4. 备料尺寸 ϕ30 长棒料；
5. 棱边倒钝。

制图		图号	CNCC015
校核		比例	
日期		材料	45钢
	中级考证		

中级考证练习 25

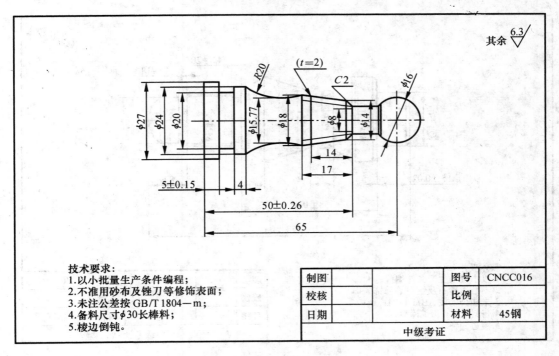

其余 6.3

技术要求：
1. 以小批量生产条件编程；
2. 不准用砂布及锉刀等修饰表面；
3. 未注公差按 GB/T 1804—m；
4. 备料尺寸 φ30 长棒料；
5. 棱边倒钝。

制图		图号	CNCC016
校核		比例	
日期		材料	45钢
	中级考证		

中级考证练习 26

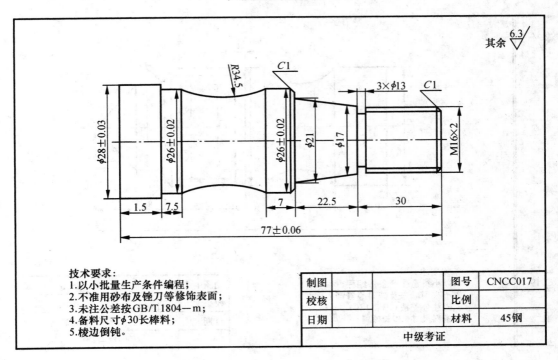

其余 6.3

技术要求：
1. 以小批量生产条件编程；
2. 不准用砂布及锉刀等修饰表面；
3. 未注公差按 GB/T 1804—m；
4. 备料尺寸 φ30 长棒料；
5. 棱边倒钝。

制图		图号	CNCC017
校核		比例	
日期		材料	45钢
	中级考证		

中级考证练习 27

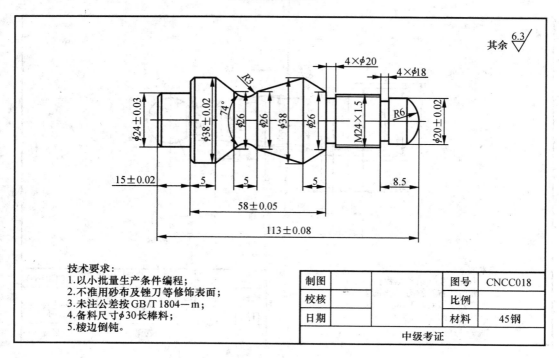

技术要求：
1.以小批量生产条件编程；
2.不准用砂布及锉刀等修饰表面；
3.未注公差按GB/T 1804—m；
4.备料尺寸φ30长棒料；
5.棱边倒钝。

制图		图号	CNCC018
校核		比例	
日期		材料	45钢
中级考证			

中级考证练习 28

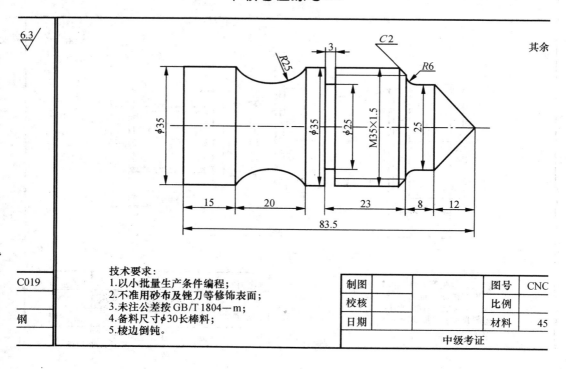

技术要求：
1.以小批量生产条件编程；
2.不准用砂布及锉刀等修饰表面；
3.未注公差按GB/T 1804—m；
4.备料尺寸φ30长棒料；
5.棱边倒钝。

C019

钢

制图		图号	CNC
校核		比例	
日期		材料	45
中级考证			

中级考证练习 29

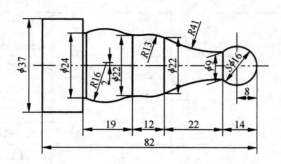

技术要求:
1.以小批量生产条件编程;
2.不准用砂布及锉刀等修饰表面;
3.未注公差按 GB/T 1804—m;
4.备料尺寸φ30长棒料;
5.棱边倒钝。

制图		图号	CNCC020
校核		比例	
日期		材料	45钢
	中级考证		

附录 B　各数控系统 G 功能表

附表 1　GSK980TA 数控系统 G 功能表

代　码	组　别	功　　能
G00		快速定位
* G01	01	直线插补
G02		顺时针圆弧插补
G03		逆时针圆弧插补
G04	00	暂停、准停
* G28		返回参考点（机械原点）
G32	01	等螺距螺纹切削
G50	00	坐标系设定
G65		宏程序命令
G70		精加工循环
G71		轴向粗车循环
G72		径向粗车循环
G73	00	封闭切削循环
G74		轴向切槽循环
G75		径向切槽循环
G76		多重螺纹切削循环
G90		轴向切削循环
G92	01	螺纹切削循环
G94		径向切削循环
G96	02	恒线速控制
G97		取消恒线速控制
* G98	03	每分进给
G99		每转进给

注：00 组的 G 代码是一次性 G 代码，即非模态功能指令；带有 * 号的 G 代码为初态指令，当系统接通时，系统处于这个 G 代码状态。

附表 2 GSK980TD 数控系统 G 指令一览表

代 码	组 别	功 能	备 注
G00	01	快速移动	初态 G 指令
G01		直线插补	模态 G 指令
G02		顺时针圆弧插补	
G03		逆时针圆弧插补	
G32		螺纹切削	
G90		轴向切削循环	
G92		螺纹切削循环	
G94		径向切削循环	
G04	00	暂停、准停	非模态 G 指令
G28		返回机械零点	
G50		坐标系设定	
G65		宏指令	
G70		精加工循环	
G71		轴向切槽循环	
G72		径向切槽循环	
G73		封闭切削循环	
G74		轴向切槽多重循环	
G75		径向切槽多重循环	
G76		多重螺纹切削循环	
G96	02	恒线速开	模态 G 指令
G97		恒线速关	初态 G 指令
G98	03	每分进给	初态 G 指令
G99		每转进给	模态 G 指令
G40	04	取消刀尖半径补偿	初态 G 指令
G41		刀尖半径右补偿	模态 G 指令
G42		刀尖半径左补偿	

附表3　GSK980TDa 数控系统编程指令一览表

代　码	功　能	代　码	功　能
G00	快速定位	G40	取消刀尖半径补偿
G01	直线插补	G41	刀尖半径左补偿
G02	顺时针圆弧插补	G42	刀尖半径右补偿
G03	逆时针圆弧插补	G50	设置工件坐标系
G04	暂停、准停	G65	宏代码
G05	三点圆弧插补	G66	宏程序模态调用
G6.2	顺时针椭圆插补	G67	取消宏程序模态调用
G6.3	逆时针椭圆插补	G70	精加工循环
G7.2	顺时针抛物线插补	G71	轴向粗车循环
G7.3	逆时针抛物线插补	G72	径向粗车循环
G10	数据输入方式有效	G73	封闭切削循环
G11	取消数据输入方式	G74	轴向切槽循环
G20	英制单位选择	G75	径向切槽循环
G21	公制单位选择	G76	多重螺纹切削循环
G28	自动返回机械零点	G90	轴向切削循环
G30	回机床第2、3、4参考点	G92	螺纹切削循环
G31	跳转插补	G94	径向切削循环
G32	等螺距螺纹切削	G96	恒线速控制
G33	Z轴攻丝循环	G97	取消恒线速控制
G34	变螺距螺纹切削	G98	每分进给
G36	自动刀具补偿测量 X	G99	每转进给
G37	自动刀具补偿测量 Z		

附表 4　FANUC 0i 车床数控系统 G 代码指令表

G 代码	组别	功　　能	G 代码	组别	功　　能
G00		定位（快速移动）	G50		坐标系设定或主轴最大速度设定
G01	01	直线插补（切削进给）	G52		局部坐标系设定
G02		圆弧插补 CW（顺时针）	G53		机床坐标系设定
G03		圆弧插补 CCW（逆时针）	G54		选择工件坐标系 1
G04		暂停、准停	G55	14	选择工件坐标系 2
G07.1	00	圆柱插补	G56		选择工件坐标系 3
G10		可编程数控输入	G57		选择工件坐标系 4
G11		可编程数据输入方式取消	G58		选择工件坐标系 5
G12	21	极坐标方式插补	G59		选择工件坐标系 6
G13		极坐标方式插补取消	G65	00	宏程序调用
G20	06	英制输入	G70		精加工循环
G21		米制输入	G71		外圆粗车复合循环
G22	09	存储行程检查接通	G72		端面粗车复合循环
G23		存储行程检查断开	G73		封闭切削复合循环
G25	08	主轴速度波动断开	G74	00	端面深孔切削复合循环
G26		主轴速度波动接通	G75		外圆、内圆车槽复合循环
G27		返回参考点检查	G76		螺纹切削复合循环
G28		返回参考点（机械原点）	G90		外圆、内圆车槽循环
G30	00	返回第 2、3、4 参考点	G92	01	螺纹切削循环
G31		跳转功能	G94		端面切削循环
G32	01	螺纹切削	G96	02	恒线速开
G34		变螺距切削	G97		恒线速关
G36	00	X 向自动刀具补偿	G98	05	每分进给
G37		Z 向自动刀具补偿	G99		每转进给
G40		刀尖半径补偿取消			
G41	07	刀尖半径左补偿			
G42		刀尖行径右补偿			

附表 5　　HNC-21T 数控系统 G 功能表

G 代码	组别	功　　能	参数（后续地址字）
G00	01	快速定位	X, Z
*G01		直线插补	X, Z
G02		顺圆插补	X, Z, I, K, R
G03		逆圆插补	X, Z, I, K, R
G04	00	暂停	P
G20	08	英寸输入	X, Z
*G21		毫米输入	X, Z
G28	00	返回参考点	
G29		由参考点返回	
G32	01	螺纹切削	X, Z, R, E, P, F
*G36	17	直径编程	
G37		半径编程	
*G40	09	刀尖半径补偿取消	
G41		左刀补	T
G42		右刀补	T
*G54	11	坐标系选择	
G55			
G56			
G57			
G58			
G59			
G65		宏指令简单调用	P, A~Z
G71	06	外径/内径车削复合循环	X, Z, U, W, C, P, Q, R, E
G72		端面车削复合循环	
G73		闭环车削复合循环	
G76		螺纹切削复合循环	
G80		外径/内径车削固定循环	X, Z, I, K, C, P, R, E
G81		端面车削固定循环	
G82		螺纹切削固定循环	
*G90	13	绝对编程	
G91		相对编程	
G92	00	工件坐标系设定	X, Z
*G94	14	每分钟进给	
G95		每转进给	
G96	16	恒线速度切削	S
*G97		恒线速度功能取消	

注：00 组中的 G 代码是非模态的，其他组的 G 代码是模态的；带有 * 号的 G 代码为初态指令，当系统接通时，系统处于这个 G 代码状态。

参 考 文 献

[1] 杨继宏. 数控加工工作手册 [M]. 北京：化学工业出版社，2007

[2] 程益良. 新编车工计算手册 [M]. 北京：机械工业出版社，2005

[3] 王公安. 车工工艺学 [M]. 第 4 版. 北京：中国劳动社会保障出版社，2005

[4] 郭莲芬. 数据车工（中级）[M]. 北京：中国劳动社会保障出版社，2007

[5] 邓集华. 数控车工编程与竞技项目教程 [M]. 武汉：华中科技大学出版社，2010

[6] 全国技术制图标准化技术委员会. GB/T 4459.1—1995 机械制图螺纹及螺纹紧固件表示法 [S]. 北京：中国标准出版社，2004

[7] 广州数控设备有限公司. GSK980TD 车床 CNC 使用手册